单片机原理
与接口技术实践

于秀丽　杨巨成　主　编

于　洋　丁忠林　张传雷　张　强　副主编

U0347518

清华大学出版社

北京

内 容 简 介

本书分 9 章介绍 51 单片机的开发环境、内部结构、接口,包括单片机的基本原理、中断、定时器、串口、数模转换等知识,以及自主开发的实例。在学习本书之前,最好具备 C 语言及数字逻辑的基础知识。为方便学习,本书提供了作者自主开发的课后习题及答案。

本书可作为工科相关专业"单片机程序设计"与"硬件设计"课程的入门教材,也可供学习计算机原理及接口设计的相关人员参考。

图书在版编目(CIP)数据

单片机原理与接口技术实践/于秀丽,杨巨成主编.—北京:清华大学出版社,2019.12
ISBN 978-7-302-53878-3

Ⅰ.①单… Ⅱ.①于… ②杨… Ⅲ.①单片微型计算机－基础理论 ②单片微型计算机－接口技术 Ⅳ.①TP368.1

中国版本图书馆 CIP 数据核字(2019)第 208940 号

责任编辑:汪汉友
封面设计:常雪影
责任校对:李建庄
责任印制:宋 林

出版发行:清华大学出版社
      网 址:http://www.tup.com.cn,http://www.wqbook.com
      地 址:北京清华大学学研大厦 A 座 邮 编:100084
      社 总 机:010-62770175 邮 购:010-62786544
      投稿与读者服务:010-62776969,c-service@tup.tsinghua.edu.cn
      质量反馈:010-62772015,zhiliang@tup.tsinghua.edu.cn
      课件下载:http://www.tup.com.cn,010-83470236
印 装 者:北京国马印刷厂
经 销:全国新华书店
开 本:185mm×260mm 印 张:14 字 数:342 千字
版 次:2019 年 12 月第 1 版 印 次:2019 年 12 月第 1 次印刷
定 价:44.50 元

产品编号:079065-01

前　言

Intel 8051 单片机是所有兼容 Intel 8031 指令系统的单片机的统称。该系列单片机的始祖是 Intel 8004。Intel 8004 单片机是随着 Flash ROM 技术的发展而成长起来的,广泛应用于工业测控领域,是应用最广泛的 8 位单片机之一。目前,很多公司都有 51 系列的兼容机,因此它还会长时间占有广大市场。51 单片机是一个入门级产品,应用十分广泛,由于所需的自编程能力与 C 语言相似,所以学习门槛相对较低。

本书采用 C51 语言进行编程,介绍了 Proteus 虚拟仿真开发工具。考虑到本书主要用于基础教学且学习者水平参差不齐,所以书中涉及的元件和接口器件都比较经典。为了便于初学者学习,每章都有大量的 Proteus 仿真案例,并为课后习题配备了详细答案。

本套教材具备以下特点。

(1) 学习门槛低。本书从最基础的知识开始讲解,适合初次学习单片机的高等学校的学生学习。

(2) 知识全面。本书内容翔实,基本覆盖了中断、定时、串口、总线、数模转换等 51 单片机的重要知识点。

(3) 讲述准确。本书从基本概念、基本理论、基本应用出发,结合实际,对每一个程序都进行了调试、编译和运行,对每一个 Proteus 平台的连线都进行了检测,确保每个例子及课后习题准确。

(4) 深入浅出。本书通俗易懂、介绍详细,使学习更加容易。

为了便于读者更好地学习,本书的内容编排如下。

(1) 知识点。在每章的开始都设有本章重点和学习目标,使读者能在每章开始时就对本章的主要内容一目了然,便于制订相应的学习计划。

(2) 正文。本书每章都有本章小结,各章重点内容及时总结,便于读者把握重点、难点,掌握学习梯度。

(3) 示例。在讲述完知识点后,都会列举完整的示例,便于读者学习。示例代码层次清楚、语言简洁、注释丰富,体现每段代码与接口实现优美的原则。本书中的大程序均通过了实际测试并附有准确、具体的注释及运行结果。

(4) 习题。本书每章均附有习题,读者可以借此检验自己掌握的知识是否牢固,对于概念的理解是否深刻,对于问题的解决思路是否清晰。

本书有两位主编。于秀丽老师具有十几年单片机教学和项目研发经验,对于本书中每一段程序和每一个图表都进行了严格把关;杨巨成教授对本书的编写思路和要求都做出了详细的规划和管理,起到了至关重要的作用。另外,参与本书编写工作的还有于洋、丁忠林、张传雷、张强、蔡润身等教师。在本书的编写过程中,李政、王永超、程方银、周荣斌、李国香、高毓婵、于艳帆、宜超杰、张辰赟等同学参与了单片机系统面板设计和程序调试,对本书的出版提供了很多协助,在此对他们表示感谢!

　　本书以实战为宗旨,因此伴随着计算机技术和教学理念的发展,内容必然会根据实际需求不断进行更新和调整,希望本书对相关专业的教学提供第一手宝贵的资料,为高校培养高水平人才做出贡献,希望各位专家、教师、读者能够不断提出宝贵意见。由于本书作者能力有限,为了改进在编写过程中的不足,衷心地希望听到读者反馈的宝贵意见,我们会使本书更加完善。

编　者

2019 年 12 月于天津科技大学

目　　录

第1章　单片机基础知识概述

本章重点

- 了解单片机的定义。
- 掌握单片机中数的表示及数值间的转换。
- 计算机中的存储单位。
- 基本逻辑门电路。

学习目标

- 了解单片机的概念和特点。
- 了解单片机的分类、发展过程、应用领域及发展趋势。
- 以 MCS-51 单片机为基础,继续深入学习单片机相关知识。

1.1　单片机概述

1.1.1　单片机及其发展过程

1. 什么是单片机

单片机即单片微计算机,是指一个集成在一块芯片上的完整的计算机系统。尽管它的大部分功能集成在一块芯片上,但是它具有一个完整的计算机所需要的大部分部件:CPU、内存、内部和外部总线系统。此外,大部分单片机还具有外存,同时集成了通信接口、定时器、时钟等外围设备。现在单片机系统已实现将声音、图像、网络复杂的输入输出(Input/Output,I/O)系统集成在一块芯片上。

2. 单片机的发展史

单片机诞生于 1971 年,经历了 SCM(Single Chip Microcomputer,单片微型计算机)、MCU(Micro Controller Unit,微控制器)、SoC(System on Chip,片上系统)三大阶段。1971 年,美国的 Intel 公司研制出第一个 4 位的处理器;Intel 公司的霍夫研制成功了世界上第一块 4 位微处理器——Intel 4004,这标志着第一代微处理器问世,微处理器和微机时代从此开始,霍夫也因发明微处理器,被英国《经济学家》杂志列为"第二次世界大战以来最具有影响力的 7 位科学家"之一。早期的单片机都是 4 位或 8 位的,其中最成功的是 Intel 8031,因为简单可靠并且性能不错而获得很多好评。此后的 MCS-51 系列单片机系统便是在 Intel 8031 的基础上发展起来的。基于这一系统的单片机直到现在还仍然广泛应用。随着工业控制领域要求的提高,开始出现了 16 位单片机,但因为性价比不理想并未广泛使用。20 世纪 90 年代,随着消费电子产品大发展,单片机技术得到巨大提高。随着 Intel i960 系列特别是后来的 ARM 系列的广泛应用,32 位单片机迅速取代 16 位单片机的高端地位,进入了主流市场。与此同时,传统的 8 位单片机的性能也得到飞速提高,处理能力相比 20 世纪 80 年代提高了数百倍。目前,高端的 32 位单片机主频已超过 300MHz,性能直追 20 世纪 90 年代中期的专用处理器,而普通型号的出厂价格已跌至 1 美元,最高端的型号也只有 10 美元。当代单片机系统已经不再只在裸机环境下开发和使用,大量专用的嵌入式操作系统被广泛应用在全系列单片机上。作为掌上计算机和手机核心处理的高端单片机甚至可以直接使用专用的 Windows 和 Linux 操作系统。

1.1.2　单片机的发展趋势与应用领域

1. 发展趋势

(1) 低功耗。随着单片机功耗要求越来越低,各大单片机制造商基本都采用了 CMOS, CHMOS 化的半导体工艺,同时在设计上也提供多种低功耗的工作方式。这些特征,更适合于低功耗要求(如电池供电)的应用场合。

(2) 低电压化。几乎所有的单片机都有 WAIT、STOP 等省电运行方式。允许使用电压范围越来越宽,一般在 3～6V 范围内工作。低电压供电的单片机电源下限已可达 1～2V。目前,0.8V 供电的单片机已问世。

(3) 多功能。随着集成度的不断提高,除了 ROM、RAM、定时器/计数器、中断系统等基本功能模块外,A/D 转换器、D/A 转换器、DMA 转换器、中断控制器、字符发生器、声音发生器、CRT 控制器、译码控制器等越来越多的功能模块都开始集成在芯片内部。

(4) 异步串行扩展技术。在用单片机开发嵌入式应用系统时,异步串行通信是经常要用到的一种通信模式,很多应用中还要求实现多路异步串行通信。绝大部分单片机上只提供一个硬件 UART 模块,利用它可以方便实现一路串行通信。一些低端廉价的单片机甚至还不带 UART。为了提高系统的性能价格比,就要求工程师用软件实现增加一路或多路异步串行通信。

(5) 大容量。随着控制范围增大、控制功能复杂,以及高级语言的广泛应用,人们对存储器容量提出了更高的要求。传统单片机 RAM 一般为 256B 以下,ROM 一般为 1～8KB;目前 MCS-51 系列单片机内 RAM 可达 8KB,ROM 最大达 64KB。

(6) 高性能。随着半导体集成工艺的不断发展,单片机的集成度将更高、体积将更小、功能将更强。

2. 应用领域

(1) 在智能仪表上的应用。单片机具有体积小、功耗低、控制能力强、扩展灵活、微型化和使用方便等优点,广泛应用于仪器仪表。结合不同类型的传感器,可实现诸如电压、功率、湿度、温度、压力等物理量的测量。采用单片机控制使得仪器仪表数字化、智能化、微型化,且功能比起采用电子或数字电路更强大。

(2) 在工业控制中的应用。单片机可以构成形式多样的控制器、数据采集系统,例如工厂流水线的智能化管理芯片、电梯智能化控制、各种报警系统等。

(3) 在家用电器中的应用。现在的家用电器基本上都采用了单片机控制,从电饭煲、洗衣机、电冰箱、空调、彩电、其他音响视频器材,到电子称量设备,五花八门,无所不在。

(4) 在医用设备领域中的应用。单片机在医用设备中的用途亦相当广泛,例如医用呼吸机、各种分析仪、监护仪、超声诊断设备及病床呼叫系统等。

(5) 在大型电器中的模块化应用。某些专用单片机设计用于实现特定功能,从而在各种电路中进行模块化应用,而不要求使用人员了解其内部结构。例如,音乐集成单片机,看似是功能简单的纯电子芯片,实际需要类似于计算机的复杂工作原理,其音乐信号以数字的形式存于存储器中,由微控器读出并转化为模拟音乐电信号。在大型电路中,这种模块化应用极大地缩小了体积,简化了电路,降低了错误率,使更换方便。

(6) 在汽车领域中的应用。在汽车领域中单片机的应用也很广泛,例如汽车发动机控制器、基于 CAN 总线的汽车发动机智能控制器、GPS 导航系统、ABS 防抱死系统、制动系统等。

(7) 在计算机网络和通信领域的应用。现代的单片机普遍具备通信接口,可以很方便地与计算机进行数据通信,为在计算机网络和通信设备间的应用提供了极好的物质条件,现在的通信设备基本上实现了单片机智能控制,从电话机、小型程控交换机、楼宇自动通信呼叫系统、列车无线通信,到日常工作中随处可见的移动电话、集群移动通信、无线电对讲机等。

此外,单片机在工商、金融、科研、教育、国防、航天航空等领域都有着十分广泛的用途。

3. MCS-51 单片机

在 HMOS 技术大发展的背景下,Intel 公司在 MCS-48 系列的基础上,于 1980 年推出了 8 位 MCS-51 系列单片机。与之前的机型相比,它的功能增强了许多,其指令速度和运行速度超过了 Intel 8085 和 Z80 的处理器,成为工业控制系统中较为理想的机种。较早的 MCS-51 单片机时钟频率为 12MHz,而目前与 MCS-51 单片机兼容的一些单片机的时钟频率可达到 40MHz,并且已有 400MHz 的单片机问世。

MCS-51 系列是基本类型,其中包括 8051、8751、8031、8951 这 4 种机型,它们的区别在于片内程序存储器。8051 为 4KB ROM,8751 为 4KB EPROM(Erasable Programmable Read Only Memory,可擦除可编程只读存储器),8031 片内无程序存储器,8951 为 4KB EEPROM(Electrically Erasable Programmable Read Only Memory,电可擦可编程只读存储器)。其他性能结构一样,片内 RAM 为 128B,2 个 16 位计时器,5 个中断源,其中 8031 性价比较高、易于开发、应用广泛。

MCS-51 系列单片机具有 8 位 CPU,片内带振荡器,频率范围 1.2～12MHz,片内带 128B 数据存储器,片内带 4KB 程序存储器,程序存储器的寻址空间为 64KB,片外数据存储器的寻址空间为 64KB,128 个用户位寻址空间,21 个字节特殊功能寄存器,4 个 8 位 I/O 并行接口,两个 16 位定时器/计数器,两个优先级别的 5 个中断源,一个全双工的串行 I/O 接口,可多机通信,111 条指令(包含乘法指令除法指令),片内采用单总线结构,有较强的位处理功能,采用单一的 +5V 电源。

MCS-52 系列是 MCS-51 系列的增强型,有 8052、8032、8752、8952 这 4 种机型。8052 的 ROM 为 8KB,RAM 为 256B;8032 的 RAM 也是 256B,无 ROM。这两种单片机比 8052 和 8032 多了一个定时器/计数器,增加了一个中断源。

4. 单片机的种类和型号

单片机是一种集成电路芯片,是采用超大规模集成电路技术把具有数据处理能力的中央处理器(CPU)、随机存储器(RAM)、只读存储器(ROM)、多种 I/O 口和中断系统、定时器/计数器等功能(可能还包括显示驱动电路、脉宽调制电路、模拟多路转换器、A/D 转换器等电路)集成到一块硅片上构成的一个小而完善的微型计算机系统,在工业控制领域广泛应用。从 20 世纪 80 年代的 4 位、8 位单片机,发展到现在的高速单片机。

单片机作为计算机发展的一个重要分支领域,根据目前发展情况,从不同角度对单片机进行分类。

(1) 通用性。按照应用范围可分为通用型和专用型,这是按照单片机适用范围来划分的。例如,80C51 是通用型单片机,它不是为某种专门用途设计的;而专用型单片机是针对一类产品甚至某一个产品设计生产的,例如为了满足电子体温计的要求,在片内集成 ADC 接口等功能的温度测量控制电路。

(2) 总线结构。按照总线结构不同可分为总线型和非总线型。这是按照单片机是否提供并行总线来区分的。总线型单片机普遍设置有并行地址总线、数据总线、控制总线,外围器件都可以通过串行口与单片机的引脚连接,另外,许多单片机已把所需要的外围器件及外设接口集成一片内,因此在许多情况下可以不要并行扩展总线,大大节省封装成本和芯片体积,这类单片机称为非总线型单片机。

(3) 应用领域。按照应用领域可分为家电类、工控类、通信类、个人信息终端类等。一般而言,工控型寻址范围大,运算能力强,用于家电的单片机多为专用型,通常是小封装、低价格,外围器件和外设接口集成度高。

(4) 数据总线位数。单片机按照数据总线位数可分为 4 位、8 位、16 位和 32 位几种。4 位单片机结构简单、价格便宜,非常适合用于控制单一的小型电子类产品,例如鼠标、游戏杆、电池充电器、遥控器、电子玩具、小家电等。8 位单片机主要分为 51 系列和非 51 系列。51 系列单片机以其典型的结构,众多的逻辑位操作功能,以及丰富的指令系统,享誉一时。16 位单片机的操作速度及数据吞吐能力在性能上较 8 位机有较大的提高。目前,应用较多的有 TI MSP430 系列、凌阳 SPCE061A 系列、Motorola 68HC16 系列、Intel MCS-96/196 系列等。与 51 单片机相比,32 位单片机的运行速度和功能都大幅度提高。随着技术的发展及价格的下降,32 位单片机将会与 8 位单片机并驾齐驱。目前,32 位单片机主要是 ARM 公司的产品,常见主要有飞利浦 LPC2000 系列、三星 S3C/S3F/S3P 系列等。

1.2 单片机基础

1.2.1 数制及其转换

1. 数制

计算机虽然能迅速地进行计算,但是其内部采用的并不是人类在实际生活中常用的十进制,而是由"0"和"1"表示的二进制。当然,人们将信息输入计算机时,十进制会被转换成二进制进行计算,计算后的结果又由二进制转换为十进制,这些都由操作系统自动完成,并不需要人工参与。与通用计算机一样,单片机采用的也是二进制数。

数制也称计数制,是用一组固定的符号和统一的规则来表示数值的方法。常采用的数制有二进制、八进制、十进制和十六进制。

书写时,可在十六进制数后面加上"H",例如 17CAH 或 $(17CA)_{16}$;若在数的后面加上"B",例如 1011011B 表示的是二进制数,也可写成 $(1011011)_2$。表 1-1 列出了十进制、二进制、十六进制数之间的对照关系。

表 1-1　十进制、二进制、十六进制数对照表

十进制数	二进制数	十六进制数	十进制数	二进制数	十六进制数
0	00000	0	16	10000	10
1	00001	1	17	10001	11
2	00010	2	18	10010	12
3	00011	3	19	10011	13
4	00100	4	20	10100	14
5	00101	5	21	10101	15
6	00110	6	22	10110	16
7	00111	7	23	10111	17
8	01000	8	24	11000	18
9	01001	9	25	11001	19
10	01010	A	26	11010	1A
11	01011	B	27	11011	1B
12	01100	C	28	11100	1C
13	01101	D	29	11101	1D
14	01110	E	30	11110	1E
15	01111	F	31	11111	1F

（1）十进制。

符号集：0、1、2、3、4、5、6、7、8、9。

规则：逢十进一；十进制数后缀为 D；加权展开式表示。

例如：$5678 = 8 \times 10^0 + 7 \times 10^1 + 6 \times 10^2 + 5 \times 10^3$。

（2）二进制。

符号集：0、1。

规则：逢二进一；二进制数后缀为 B。

例如：$1101B = 1 \times 2^0 + 0 \times 2^1 + 1 \times 2^2 + 1 \times 2^3$。

（3）十六进制。

符号集：0、1、2、3、4、5、6、7、8、9、A、B、C、D、E、F。

规则：逢十六进一；十六进制数后缀为 H。

例如：$CDE6H = 6 \times 16^0 + 14 \times 16^1 + 13 \times 16^2 + 12 \times 16^3$。

2. 数制间的转换

（1）二进制、十六进制转化为十进制。

规则：按加权展开式展开，然后按十进制运算即可。

例如：

$$1011B = 1 \times 2^0 + 1 \times 2^1 + 0 \times 2^2 + 1 \times 2^3 = 1 + 2 + 0 + 8 = 11$$

$$4EF6H = 6 \times 16^0 + 15 \times 16^1 + 14 \times 16^2 + 4 \times 16^3 = 20214$$

（2）十进制转化为二进制、十六进制。

规则：十进制数反复除以目标进制基数，直至商为"0"，然后从低位到高位排列。

例如：31＝011111B。

```
2|31      1
2|15      1
2|7       1
2|3       1
2|1       1
  0       0
```

```
186＝BAH
16|186    10(A)
16|11     11(B)
    0
```

（3）二进制、十六进制间的相互转化。因为 1 位十六进制数等于 4 位二进制数（2^4＝16），所以每 4 位二进制数为一组代表 1 位十六进制数，从右到左依次由低位到高位，位数不足时以"0"补齐。例如，01011101B＝5DH，6F7CH＝0110111101111100B。

1.2.2　带符号数的表示

人们通常使用的数据都有正负之分，在计算机中是用 1 位二进制数区分正负，这位数放在二进制的最高位，称为符号位，通常以"0"代表符号"＋"，以"1"代表符号"－"。符号位后面为数值部分，这种形式的数被称为有符号的数。

有符号数对应的真实值称为真值，由于最高位为符号位，所以它的形式值不一定等于真值。例如，有符号数 00011000 的形式值为 24，真值为＋24，但有符号数 10011000 的形式值为 152，真值却为－24。

有符号数有原码、反码、补码 3 种表示方法。

（1）原码。原码是机器数中最简单的一种表示形式，也是有符号数的原始表示方法，符号位"0"表示正数，"1"表示负数。其余位为数值部分，8 位二进制原码的表示范围为 11111111B～01111111B（－127～127）。其中，原码 00000000B 与 10000000B 符号位相反，数值部分相同，分别表示"＋0"和"－0"。

（2）反码。求一个数的反码，首先要看它的符号位，正数的反码与它的原码相同，负数的反码为：符号位不变，数值部分各位取反。例如，原码 00001100B 的反码为 00001100B，而原码 10001100B 的反码为 11110011B，＋0 与 －0 的反码分别为 00000000B 与 11111111B。

（3）补码。求一个数的补码，也要看它的符号位。正数的补码与其原码相同，计算负数补码为，符号位不变，数值部分各位取反，末位加 1（即反码加 1）。例如，原码 00001100B 的补码为 00001100B，原码 10001100B 的补码为 11110100B。

根据补码的计算规则，＋0 和 －0 补码都为 00000000B，但是为了充分利用资源，人为规定＋0 的补码代表 0，－0 的补码代－128。所以 8 位二进制的补码表示范围为 10000000B～01111111B（－128～127）。

总的来说，正数的原码、反码、补码都相同，而负数的原码、反码、补码各不相同。当有符号数用补码表示时，可以将减法运算转换为加法运算，例如 $32-34=[32]_补+[-34]_补$。

用补码计算 $00100000B+11011110B=11111110B\to10000010B(-2)$，需要注意的是补码运算的结果仍为补码，只有将其变回原码才能得到最终结果。

1.2.3 位、字节和字

1. 位(bit,b)

位是计算机存储的最小单位，表示的是二进制位，只能容纳 0 或 1，因此不能在 1 位上存储更多的信息。位是计算机存储的基本单位。

2. 字节(Byte,B)

字节是常用的计算机存储单位，1B 为 8 位。由于每位只能为 0 或 1，所以每字节包含了256 种可能的 0、1 组合。字节是计算机数据处理的基本单位。

3. 字(Word,W)

计算机一次性处理事务的数据长度称为字，不同计算机字的长度是不同的。对特定的计算机设计而言，字是用于表示其自然的数据单位。字长是计算机系统结构中的一个重要特性。

1.2.4 ASCII 码

在计算机中使用的字母、字符等所有的数据在存储和运算时都要用二进制数表示，因此相关组织出台了美国信息交换标准代码(American Standard Code For Information Interchange,ASCII)，它使用指定的 7 位二进制数组合表示 128 个字符，其中可打印的字符包括数码 0～9、52 个英文大小写字母，以及 32 个通用控制字符。

表 1-2 所示为 ASCII 码，其中的 7 位二进制数也可用两位十六进制数来表示，例如，从表中可查出"B"的 ASCII 码为"42H"，"b"的 ASCII 码为"62H"。

表 1-2 ASCII 码

$D_6D_5D_4$		000	001	010	011	100	101	110	111
	0000	NUL	DLE	SPACE	0	@	P	`	p
	0001	SOH	DC1	!	1	A	Q	a	q
	0010	STX	DC2	”	2	B	R	b	r
	0011	ETX	DC3	#	3	C	S	c	s
	0100	EOT	DC4	$	4	D	T	d	t
$D_3D_2D_1D_0$	0101	END	NAK	%	5	E	U	e	u
	0110	ACK	SYN	&	6	F	V	f	v
	0111	BEL	ETB	’	7	G	W	g	w
	1000	BS	CAN	(	8	H	X	h	x
	1001	HT	EM	)	9	I	Y	i	y
	1010	LF	SUB	*	:	J	Z	j	z

$D_6D_5D_4$		000	001	010	011	100	101	110	111
	1011	VT	.FSC	+	;	K	[	k	{
	1100	FF	FS	,	<	L	\	l	|
$D_3D_2D_1D_0$	1101	CR	GS	−	=	M	]	m	}
	1110	SO	RS	.	>	N	^	n	~
	1111	SI	US	/	?	O	_	o	DEL

1.2.5 BCD 码

计算机中处理数据都是用二进制运算法则进行的。但是对于操作人员来说,二进制数过于烦琐,极易出错,因此在计算机输入与输出时,最好能够以十进制数的形式来操作。因此有了 BCD 码,也称为"二-十进制代码",由于十进制数有 0～9 这 10 个数码,所以它至少需要 4 位二进制码来表示 1 位十进制数。

8421BCD 码是目前最常用的 BCD 码,它与 4 位自然二进制数相似,它各位的权值从高到低分别为 8、4、2、1,故称为 8421 码。但是它只选用了 4 位二进制代码中的前 10 组代码,即用 0000～1001 分别代表它所对应的十进制数,而剩下的 6 组代码则不用。

BCD 码又分为压缩的 BCD 码和非压缩的 BCD 码。压缩的 BCD 码 1B 长度可以表示 2 个十进制数,例如 1000 0100 表示十进制数 84。而非压缩的 BCD 码 1B 长度可以表示 1 个十进制数,例如 0000 0100 表示十进制数的 4。

表 1-3 所示为 BCD 码。

表 1-3 BCD 码

十进制数	BCD 码	二进制数	十进制数	BCD 码	二进制数
0	0000B	0000B	8	1000B	1000B
1	0001B	0001B	9	1001B	1001B
2	0010B	0010B	10	无意义	1010B
3	0011B	0011B	11	无意义	1011B
4	0100B	0100B	12	无意义	1100B
5	0101B	0101B	11	无意义	1101B
6	0110B	0110B	14	无意义	1110B
7	0111B	0111B	15	无意义	1111B

1.2.6 基本门电路

在计算机中实现运算及识别二进制数等功能,都依靠逻辑门电路来完成,计算机中也由大量的逻辑门电路组成。逻辑门电路中,逻辑"1"、逻辑"0"分别表示高、低电平。门电路的基本逻辑操作为"与""或""非"。常用的基本逻辑门电路如表 1-4 所示。

表 1-4　常用的基本逻辑门电路

名称	与门	或门	非门	异或门	与非门	或非门
逻辑表达式	$A \cdot B = F$	$A + B = F$	$\overline{A} = F$	$A \oplus B = F$	$\overline{A \cdot B} = F$	$\overline{A + B} = F$
逻辑功能	逻辑乘运算的多端输入、单端输出	逻辑加运算的多端输入、单端输出	逻辑非运算的多端输入、单端输出	逻辑异或运算的多端输入、单端输出	逻辑与非运算的多端输入、单端输出	逻辑或非运算的多端输入、单端输出
真值表	$A\ B\ F$ $0\ 0\ 0$ $0\ 1\ 0$ $1\ 0\ 0$ $1\ 1\ 1$	$A\ B\ F$ $0\ 0\ 0$ $0\ 1\ 1$ $1\ 0\ 1$ $1\ 1\ 1$	$A\ F$ $0\ 1$ $1\ 0$	$A\ B\ F$ $0\ 0\ 0$ $0\ 1\ 1$ $1\ 0\ 1$ $1\ 1\ 0$	$A\ B\ F$ $0\ 0\ 1$ $0\ 1\ 1$ $1\ 0\ 1$ $1\ 1\ 0$	$A\ B\ F$ $0\ 0\ 1$ $0\ 1\ 0$ $1\ 0\ 0$ $1\ 1\ 0$
国家标准符号						
国际流行符号						
常用型号	74LS08 74LS11	74LS32	74LS06 74LS07	74LS86 74LS136	74LS00 74LS10	74LS02 74LS27

1.3　单片机进阶

1.3.1　Arduino

1. Arduino 起源

Arduino 是一款便捷灵活、方便上手的开源电子原型平台,包含硬件(各种型号的 Arduino 板)和软件(Arduino IDE),由一个欧洲开发团队于 2005 年冬季开发。其成员包括 Massimo Banzi、David Cuartiielles、Tom lege、Gianluca Martino、David Mellis 和 Nicholas Zambetti 等。

Arduino 构建于开放源代码的 Simple I/O 界面板,类似 Java、C 语言的 Processing/Wiring 开发环境,其主要包含两个核心部分:硬件部分是与电路连接的 Arduino 电路板;软件部分是 Arduino IDE 计算机中的程序开发环境。人们只需要在 IDE 中编写程序代码,然后将其上传到 Arduino 电路板中,Arduino 电路板便会按照程序指令进行工作。

Arduino 能通过各种各样的传感器来感知环境,通过控制灯光、电动机等其他的装置来反馈、影响环境。电路板上的微控制器可以通过 Arduino 的编程语言来编写程序,编译成二进制文件,烧录进微控制器。对 Arduino 的编程是通过编程语言(基于 Wiring)在 Arduino 的开发环境(基于 Processing)中实现的。基于 Arduino 项目,可以只包括 Arduino,也可以包含 Arduino 和其他一些在 PC 上运行的软件,它们之间通信是通过 Flash、Processing、MaxMSP 等来实现。

Arduino 的设计者 Massimo Banzi 曾是意大利一家高科技设计学校的老师。他的学生经常抱怨找不到物美价廉的微控制器。于是,Massimo Banzi 于 2005 年冬天与西班牙籍晶片工程师 David Cuartielles 讨论了这个问题。两人决定设计一种电路板,让 Banzi 的学生 David Mellis 为电路板设计编程语言。两天以后,David Mellis 就写出了程序代码。又过了 3 天,电路板也完工了。Massimo Banzi 常去一家名叫 di Re Arduino 的酒吧,该酒吧是以意大利古代的国王 Arduino 的名字命名的。作为纪念,他将这块电路板的名字命名为 Arduino。

随后,Banzi 等人将设计图上传到网上。由于版权法可以监管开源软件,但是却很难用到硬件上,所以为了保持设计的开放源码理念,他们决定采用 Creative Commons(CC)的授权方式公开硬件设计图,即任何人都可以依图生产电路板,甚至还能重新设计和销售且不需要支付任何费用,不用得到 Arduino 团队的许可,但是如果重新发布引用设计,就必须声明原始 Arduino 的贡献,如果修改了电路板则必须使用相同或类似 Creative Commons(CC)的授权方式,以保证新版本的电路板也是一样自由开放的,唯一被保留的只有 Arduino 这个名字,它被注册成了商标,在没有官方授权的情况下不得使用。

2. Arduino 的特点

(1)跨平台。Arduino IDE 可以在 Windows、Macintosh OS X、Linux 三大主流操作系统上运行,而其他大多数控制器只能在 Windows 上开发。

(2)简单清晰。Arduino IDE 基于 Processing IDE 开发。对于初学者来说极易掌握,同时有着足够的灵活性。Arduino 语言基于 Wiring 语言开发,是对 AVR-gcc 库的二次封装,不需要太多的单片机基础、编程基础,简单学习后,就可以快速地进行开发。

(3)开放性。Arduino 的硬件原理图、电路图、IDE 软件及核心库文件都是开源的,在开源协议范围内可以任意修改原始设计及相关代码。

(4)发展迅速。Arduino 不仅仅是全球最流行的开源软件,也是一个优秀的硬件开发平台,更是硬件开发的趋势。Arduino 简单的开发方式使得开发者更专注创意与实现,更快地完成自己的项目开发,大大节约了学习成本,缩短了开发周期。

因为 Arduino 的种种优势,越来越多的专业硬件开发者开始或已经使用 Arduino 来开发他们的项目、产品;越来越多的软件开发者使用 Arduino 进入硬件、互联网等开发领域;在大学里,自动化、软件,甚至艺术专业的学生也纷纷学习 Arduino 相关课程。

使用 Arduino 与 Adobe Flash、Processing、Max/MSP、Pure Data、SuperCollider 等软件结合,可以快速制作出互动作品。Arduino 可以使用现有的电子元件,例如开关、传感器或者其他控制器、LED、步进电动机或其他输出装置。Arduino 可以独立运行,也可以与 Macromedia Flash、Processing、Max/MSP、Pure Data 等交互软件进行交互。Arduino 的 IDE 界面基于开放源代码,可以免费下载使用,开发出令人惊艳的互动作品。

3. Arduino 与单片机的区别

Arduino 是一款便捷灵活、方便上手的硬件。开源硬件是指与自由及开放源代码软件相同方式设计的计算机和电子硬件。开源硬件开始考虑对软件以外的领域开源,是开源文化的一部分。这个词主要是用来反应自由释放详细信息的硬件设计,例如电路图、材料清单、电路板布局数据、设计图等都遵循开源许可协议,可自由使用与分享。

微控制器(Microcontroller)是一种集成电路芯片,它采用超大规模集成电路技术把具有数据处理功能的中央处理器、随机存储器、只读存储器、多种 I/O 口和中断系统、定时器/计数器等功能(可能还包括显示驱动电路、脉宽调制电路、模拟多路转换器、A/D 转换器等电路)集成到一块硅片上构成的小而完善的微型计算机系统,在工业控制领域广泛应用。

Arduino 是单片机二次开发的产物。从项目的角度来看,普通单片机只是散件,硬件的设计和软件的设计都得自己来。而 Arduino 是半成品,只要把相应的模块组合在一块,再写一写,甚至直接复制已有的程序就可以了。用单片机做项目就好像开发计算机,需要用电子元件做出显示器、主机、主板、内存条、显卡、硬盘等硬件,然后再进行组装。而用 Arduino 做项目就好像组装计算机,即直接把别人做好的主板、硬盘、显卡等直接组装即可。Arduino 的优点就是开发简单,但也意味着许多功能会受到限制。

Arduino 核心板大部分使用 AVR 单片机,这就是它们之间的联系。AVR 单片机一般使用汇编语言、C 语言开发,需要配置寄存器等。Arduino 在 C 语言的基础上简化了开发方式,自己实现了一套较为简单的语言,开发的时候不需要纠结于 AVR 的寄存器等底层结构,直接写代码就能控制兼容 Arduino 的外设。

Arduino 与传统 51 单片机区别如下。

(1) 使用 Arduino 做项目,几乎不用考虑硬件部分设计,可以按需求选用 Arduino 的控制板、扩展板等组成自己需要的硬件系统。而使用单片机开发必须设计硬件,制作 PCB 板。

(2) 学习 Arduino 单片机可以完全不需要了解其内部硬件结构和寄存器设置,仅仅知道它的端口作用即可;可以不懂硬件知识,只会简单的 C 语言,就可用 Arduino 单片机编写程序。使用单片机则需要了解单片机内部硬件结构和寄存器的设置,使用汇编语言或者 C 语言编写底层硬件函数。

(3) Arduino 软件语言仅仅需要掌握少数几个指令,而且指令的可读性也强,稍微懂一点 C 语言即可轻松上手,很快就可以应用。

(4) Arduino 的理念就是开源,软硬件完全开放,技术上不做任何保留。针对周边的 I/O 设备的 Arduino 编程,很多常用的 I/O 设备都已经带有库文件或样例程序,在此基础上进行修改,即可编写出比较复杂的程序,完成功能多样化的作品。而其他单片机的软件开发,需要软件工程师编写底层到应用层的程序,没有那么多现成库函数可以使用。

(5) Arduino 由于开源,也就意味着可以从 Arduino 相关网站、博客、论坛里得到大量的共享资源,在共享资源的辅助下,通过资源整合,能够加快创作作品的速度和效率。

(6) 相对于其他开发板,Arduino 及周边产品相对价廉质优,学习或创作成本低,重要的一点:烧录代码不需要烧录器,直接用 USB 线就可以完成下载。

1.3.2 树莓派

1. 认识树莓派

树莓派是一种廉价的计算机,它只有手掌大小,可进行编程。虽然树莓派的体积很小,但是它的潜力却很大,可以说是"麻雀虽小,五脏俱全"。人们可以像使用常规台式计算机一样在树莓派上创建一个非常酷炫的工程,可以用树莓派搭建自己的云存储服务器。

2. 树莓派的历史

树莓派是由 Eben Upton 和几个同事在英国发明的。它的第一个商业版本(A 型)在

2012 年初以 25 美元的价格正式出售，人们称它为 RPi 或 Pi。Upton 发明树莓派是为了解决"进入计算机科学领域的年轻人太少"的问题，旨在用便宜、灵活的小型计算设备激起年轻人对计算机科学的兴趣。

Upton 成立了树莓派基金会，期望其销量能达到 10000 台。当 A 型树莓派在 2012 年发售时，几乎是立即售罄。升级后的 B 型，在 2012 年夏末开售，销售依然火爆。虽然树莓派最初是为了激起年轻人对计算机的兴趣而发明的，但是它也吸引了全球业余爱好者、企业家和教育家的注意力。在短短一年中，就售出约 100 万个树莓派。

树莓派的拥有者将设备用在很多具有创造性的项目中。世界各地的人们都用树莓派来创建语音控制的车库门、气象站、弹球机等有趣的项目。也有面向企业的项目，使用树莓派来演示计算机存在的潜在安全威胁。

3. 树莓派与 Python

树莓派项目开发使用的是 Python 语言功能扩展已达到令人难以置信的规模。

Python 是一个跨平台的、面向对象的、解释型的编程语言，具有良好的可靠性、清晰的语法和易用性，这使它成为最流行的编程语言之一。Python 被认为是一种教学语言，容易学习且功能强大。可以用 Python 编写游戏并将其运行在树莓派控制的游戏机上，也可以编写程序来控制连接到树莓派的机器人，还可以像 Dave Akerman 一样将树莓派发送到 3.9×10^7 m 的太空去拍摄令人惊艳的照片。

4. 树莓派的特点

（1）树莓派使用的 CPU 频率高。

（2）树莓派可以运行完整的操作系统。这意味着可以使用 Python、Java 等人们熟悉的语言和库来开发，同时后台运行多个库也毫无压力。

（3）树莓派自带的接口比较全面，USB-host、RJ-45、HDMI、SD 读卡器等常用接口一应俱全。

（4）树莓派是一个相对完整的"计算机"。

（5）树莓派拥有更完整的操作系统，每次通电后所需的启动时间很长，而且不能保证相关服务的正常启动。

5. 树莓派与单片机的区别

单片机是一类芯片的总称，在一块芯片上集成了 CPU、内存、Flash（类比计算机上的硬盘，早期单片机是 ROM）及 I/O 设备，它不能运行 Linux 或者 Windows 这样的分时系统。树莓派是一个成品开发板，上面也有 CPU、内存，但是它们以分立芯片的形式存在，而且 CPU 性能远超单片机，可以运行 Linux 操作系统。简单说，单片机是芯片，树莓派是电路板，使用的重要区别是前者通常没有操作系统，而后者常运行 Linux 操作系统。

6. 树莓派可以做什么

开源硬件的兴起，让每个人都可以自己尝试设计一些项目，尽管上手难度还是有点高，但如果有时间和精力，可以买一台 Raspberry Pi 来研究一下。树莓派到底可以做什么呢？只要有想法，树莓派都可以一试——树莓派 DIY 街机、光源识别智能跟拍小车、云相册、智能人脸识别系统、树莓派打造开心农场、贴近报警器等都可以实现。

树莓派虽小，但和普通计算机无异，计算机能做的大部分事情，树莓派都能做。由于树莓派具有低能耗、移动便携、GPIO 等特性，因此在很多普通计算机上难以做好的事情，用树莓派却是很合适的。

1.3.3 ARM

1. 什么是 ARM

ARM(Advanced RISC Machine)处理器是英国 Acorn 公司设计的第一款低功耗 RISC 微处理器。ARM 处理器为 32 位,但也配备 16 位指令集,与等价的 32 位代码相比,节省达 35%,却能保留 32 位系统的所有优势。

ARM 的 Jazelle 技术使 Java 加速得到比基于软件的 Java 虚拟机(JVM)高得多的性能。和同等的非 Java 加速核相比,其功耗降低 80%。CPU 功能上增加 DSP 指令集提供增强的 16 位和 32 位算数运算能力,提高了性能和灵活性。ARM 还提供两个前沿特性来辅助嵌入处理器的高集成 SoC 器件的调试,它们是嵌入式 ICE-RT 逻辑和嵌入式跟踪宏核(ETMS)系列。

2. 历史发展

1978 年 12 月 5 日,物理学家赫尔曼·豪泽(Hermann Hauser)和工程师 Chris Curry,在英国剑桥创办了 Cambridge Processing Unit(CPU)公司,主要业务是为当地市场供应电子设备。1979 年 CPU 公司改名为 Acorn 公司。

起初,Acorn 公司打算使用 Motorola 公司的 16 位芯片,但是发现这种芯片太慢也太贵,因此转而向 Intel 公司索要 80286 芯片的设计资料,但是遭到拒绝,于是被迫自行研发芯片。

1985 年,Roger Wilson 和 Steve Furber 设计了第一代 32 位的 6MHz 处理器,用它做出了一台精简指令集计算机(Reduced Instruction Set Computer,RISC)——ARM(Acorn RISC Machine)。这就是 ARM 这个名字的由来。

RISC 支持的指令比较简单,所以功耗小、价格低,特别适合移动设备。早期使用 ARM 芯片的设备就是美国苹果公司的牛顿 PDA。

20 世纪 80 年代后期,ARM 很快开发成 Acorn 的台式机产品,形成英国的计算机教育基础。

1990 年 11 月 27 日,Acorn 公司正式改组为 ARM 计算机公司。其中苹果公司出资 150 万英镑,芯片厂商 VLSI 出资 25 万英镑,Acorn 本身则以 150 万英镑的知识产权和 12 名工程师入股。公司的办公地点非常简陋,就是一个谷仓。20 世纪 90 年代,ARM 32 位嵌入式 RISC 处理器扩展到世界范围,占据了低功耗、低成本和高性能的嵌入式系统应用领域的领先地位。ARM 公司既不生产芯片也不销售芯片,只出售芯片技术授权。

3. ARM 的特点

ARM 处理器的三大特点是耗电少功能强、16 位/32 位双指令集和合作伙伴众多。

(1)体积小、功耗低、低成本、高性能。

(2)支持 Thumb(16 位)/ARM(32 位)双指令集,能很好地兼容 8 位/16 位器件。

(3)大量使用寄存器,指令执行速度更快。

(4)大多数数据操作都在寄存器中完成。

(5)寻址方式灵活简单,执行效率高。

(6)指令长度固定。

4. RISC 体系结构

RISC 结构优先选取使用频率最高的简单指令,避免复杂指令;将指令长度固定,指令格式和寻址方式种类减少;以控制逻辑为主,不用或少用微码控制等。RISC 体系结构应具有如下特点。

(1) 具有固定长度的指令格式,指令规整、简单,基本寻址方式仅有两三种。

(2) 使用单周期指令,便于流水线操作执行。

(3) 大量使用寄存器,数据处理指令只对寄存器进行操作,只有加载/存储指令可以访问存储器,以提高指令的执行效率。除此之外,ARM 体系结构还采用了一些特别的技术,在保证高性能的前提下尽量缩小芯片的面积,并降低功耗。

(4) 所有的指令都可根据前面的执行结果决定是否被执行,从而提高指令的执行效率。

(5) 可用加载/存储指令批量传输数据,以提高数据的传输效率。

(6) 可在一条数据处理指令中同时完成逻辑处理和移位处理。

(7) 在循环处理中使用地址的自动增减来提高运行速率。

5. 寄存器结构

ARM 处理器共有 37 个寄存器,被分为若干组(BANK),这些寄存器包括:31 个通用寄存器(含程序计数器 PC 指针),均为 32 位寄存器;6 个状态寄存器,用以标识 CPU 的工作状态及程序的运行状态,均为 32 位,只用了其中一部分。

6. 指令结构

ARM 微处理器的较新的体系结构中支持 ARM 指令集和 Thumb 指令集。其中,ARM 指令的长度为 32 位,Thumb 指令的长度为 16 位。Thumb 指令集为 ARM 指令集的功能子集,但与等价的 ARM 代码相比较,可节省 30%~40% 的存储空间,同时具备 32 位代码的所有优点。

7. 处理器工作模式

处理器的工作模式有以下几种。

(1) 用户模式(usr):ARM 处理器正常的程序执行状态。

(2) 系统模式(sys):运行具有特权的操作系统任务。

(3) 快中断模式(fiq):支持高速数据传输或通道处理。

(4) 管理模式(svc):操作系统保护模式。

(5) 数据访问终止模式(abt):用于虚拟存储器及存储器保护。

(6) 中断模式(irq):用于通道的中断处理。

(7) 未定义指令终止模式(und):支持硬件协处理器的软件仿真。

除用户模式外,其余 6 种模式称为非用户模式或特权模式;用户模式和系统模式之外的 5 种模式称为异常模式。ARM 处理器的运行模式可以通过软件改变,也可通过外部中断或异常处理改变。

8. 系列产品

ARM 系列产品包括 ARM7 系列、ARM9 系列、ARM9E 系列、ARM10E 系列、SecurCore 系列,以及 Intel 的 StrongARM、ARM11 系列等。其中,ARM7、ARM9、ARM9E 和 ARM10 为 4 个通用处理器系列,每个系列提供一套相对独特的性能来满足不同应用领域的需求。SecureCore 系列专门为安全要求较高的应用设计。

Axxia 4500 通信处理器基于采用 28nm 工艺的 ARM 4 核 Cortex-A15 处理器,并搭载 ARM 全新 CoreLink CCN-504 高速缓存一致性互连技术,实现安全低功耗和最佳性能。

ARM 公司在经典处理器 ARM11 以后的产品改用 Cortex 命名,并分为 A、R、M 这 3 类,为各种不同市场提供服务。

本 章 小 结

本章首先介绍了什么是单片机和单片机的发展史,对单片机的 3 个发展阶段及单片机的应用领域和未来发展的趋势作了较为详细的介绍。在此基础上介绍了 MCS-51 单片机以及常用单片机的型号及分类。通过这些内容,可以对单片机有一定的认识和理解。

其次,本章还介绍了计算机的基础知识,数制的转换,带符号数的表示,位、字节和字的概念,十进制的二进制编码表示方法(BCD 码),字符和符号的表示法(ASCII 码),基本门电路。

最后,本章介绍了近几年比较热门的 Arduino、树莓派和 ARM 产品,包括定义、历史、特点及与单片机的区别。

习 题 1

1. 什么是单片机? 单片机的发展有哪几个阶段?
2. 什么是有符号数? 有符号数在机器里如何表示?
3. Arduino 的两个核心部分分别是什么?
4. 树莓派是什么? 树莓派与 Python 是什么关系?
5. Arduino、树莓派和 ARM 与单片机有什么区别?

第 2 章　单片机原理及其结构

本章重点

- MCS-51 单片机基本结构。
- MCS-51 单片机内部结构。
- MCS-51 单片机并行口及其规格。

学习目标

- 了解 MCS-51 单片机基本类型。
- 掌握 MCS-51 单片机结构及其针脚特性。
- 掌握 MCS-51 单片机存储器类型。
- 掌握 MCS-51 单片机寄存器特性。

2.1　MCS-51 单片机结构

2.1.1　MCS-51 单片机概述

　　MCS-51 系列单片机是一种集成的电路芯片,又称为单片微计算机。它的结构特点是将微型计算的体系结构和基本的功能部件集成在一个半导体芯片上。目前,单片机的种类越发丰富,可实现的功能也越来越全面,但是 MCS-51 系列的 8 位单片机仍然能满足市场绝大多数应用领域的需求。

　　在接下来的章节将详细介绍 MCS-51 单片机的结构体系。本章节将介绍其中重点部分,部分内容将在后续章节展开。

2.1.2　MCS-51 单片机结构

　　MCS-51 单片机的内部结构包含了微型计算机的 CPU、ROM、RAM、I/O 接口、定时器/计数器及可编程串口等基本部件。这些基本部件都被挂靠在单片机的内部总线上,通过内部总线来传送数据信息和控制信息,其内部结构如图 2-1 所示。

　　51 系列单片机有以下特点。

　　(1) 其含有 8 位 CPU。

　　(2) 片内带振荡器频率范围为 1.2～12MHz。

　　(3) 片内带 128B 的数据存储器。

　　(4) 片内带 4KB 的程序存储器。

　　(5) 程序存储器的寻址空间为 64KB。

　　(6) 片外存储器的地址空间为 64KB。

　　(7) 拥有 128 个用户位寻址空间。

　　(8) 21 个字节特殊功能寄存器。

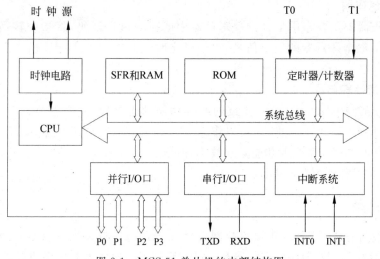

图 2-1　MCS-51 单片机的内部结构图

(9) 4 个 8 位的 I/O 并行接口：P0～P3。

(10) 2 个 16 位定时器、计数器。

(11) 2 个优先级别的 5 个中断源。

(12) 片内采用单总线结构。

51 系列单片机最核心的部分是 CPU,其承担了单片机的运算和控制功能。CPU 的主要功能是产生各种控制信号,控制存储器、输入输出接口的数据传送、数据运算和逻辑运算等处理。其内容分为控制器和运算器两部分。

2.1.3　控制器

控制器是指挥单片机各部件按照指令的功能要求去协调工作的部件,是单片机的神经中枢和指挥中心。其作用是对取自程序存储器中的指令进行译码,在编码规定的时刻发出各种控制信号,完成指令规定的功能。

控制器是由指令寄存器(Instruction Register,IR)、程序计数器(Program Counter,PC)、指令译码器(Instruction Decoder,ID)、数据指针(Data Pointer,DPTR)及定时控制与条件转移逻辑电路等组成的。

1. 指令寄存器

指令寄存器用于保存当前执行或者即将执行的指令的寄存器。指令内包含有确定的操作码和指出操作数来源或者去向的地址。指令长度随着不同单片机的位数决定,指令寄存器的长度也随之不同。

2. 程序计数器

程序计数器是指明下一次要执行的指令地址的一种计数器,又称为指令计数器。它有着指令地址寄存器和计数器的功能。程序计数器作为指令地址寄存器,在一条命令执行完毕时,其内存将会改变称为下一条指令的地址,使得程序可以持续的运行。

系统复位后,PC 的内容会被自动赋予 0000H,这表示复位后 CPU 将从程序寄存器的 0000H 地址开始运行。

3. 指令译码器

指令译码器的主要作用是将指令寄存器中的指令进行译码,将指令转换成执行所需要的电信号。根据译码器的输出信号,再经过定时控制电路产生指令所需要的各种控制信号。

4. 数据指针寄存器

DPTR 是某些单片机中一个 16 位的特殊功能的寄存器,其高字节寄存器用 DPH 表示,低位字节用 DPL 表示。DPTR 可以作为一个 16 位的寄存器来使用,也可以作为两个独立的 8 位寄存器使用。其主要功能是存放 16 位地址,作为片外 RAM 寻址用的地址寄存器(间接寻址),所以称其为数据指针。

2.1.4 运算器

运算器包括寄存器、执行部件和控制电路 3 个部分。典型的运算器由算术逻辑部件(ALU)、累加器(ACC)、程序状态字寄存器(PSW)以及运算器调整电路组成。

1. 算术逻辑单元

算术逻辑单元(Arithmetic Logic Unit,ALU)是中央处理器的执行单元,是所有中央处理器的核心组成部分,由与门和或门构成的算术逻辑单元主要进行二进制的算术运算,如加减乘法,但是不包括整数除法。

2. 累加器

累加器(ACC)是一个 8 位寄存器,是专门存放算术逻辑运算的一个操作数和运算结果的寄存器,能进行加减、读出、移位、循环移位和求补等操作,是运算器的主要部分。

3. 程序状态字寄存器

程序状态字寄存器(PSW)用来存放两类信息:一类是体现当前指令执行结果的各种状态,如有无进位(CY 位)、有无溢出(OV 位)、结果正负(SF 位)、结果是否为 0(ZF 位)以及奇偶标志位(P 位)等;另一类是控制信息,如允许中断位(IF 位)、跟踪标志(TF 位)等。

在 51 单片机中 PSW 是一个 8 位寄存器,用来存放指令执行后的状态,通常由中央处理器 CPU 来填写,但是用户也可以根据自己的需要改变各状态位的值。各标志位的定义如表 2-1 所示。

表 2-1 PSW 各标志位定义

PSW7	PSW6	PSW5	PSW4	PSW3	PSW2	PSW1	PSW0
CY	AC	F0	RS1	RS0	OV	F1	P
位 7	位 6	位 5	位 4	位 3	位 2	位 1	位 0

PSW7 CY(Carry):CY 位表示加法运算中的进位和减法运算中的借位,加法运算中有进位或者减法运算中有借位则 CY 位置"1",否则为"0"。

PSW6 AC(Auxiliary Carry):与 CY 位基本相同,但是 AC 表示的是低 4 位向高 4 位的进、借位。AC 位可以用于 BCD 码调整时的判断位。

PSW5 F0:用户自己管理的标志位,可以根据用户自己的需求来设定该位的作用。

PSW4 RS1、PSW3 RS0:这两位用于选择当前工作寄存器区。80C51 有 8 个 8 位寄存器 R0~R7,它们在 RAM 中的地址可以根据用户需要来确定。

RS1 RS0：R0~R7 的地址。

0 0：00H~07H。

0 1：08H~0FH。

1 0：10H~17H。

1 1：18H~1FH。

PSW2 OV：该位表示运算是否发生了溢出。若运算结果超出了 8 位有符号数所能表示的范围,即 $-128 \sim 127$,则 OV=1。

PSW1 F1：同 F0 位。

PSW0 P：P 是奇偶标志位,若累加器 A 中 1 的个数为奇数,则 P=1;若为偶数则 P=0。

2.2 MCS-51 单片机引脚及其功能

MCS-51 系列基本型包括 8051、8751、8031、8951 等。这 4 个机种区别在于片内程序存储器的大小不同,其他性能结构都一样。8051 内部设有 4KB 的掩膜 ROM 程序存储器,8031 片内没有程序存储器,8751 将 8051 片内的 ROM 换成了 EPROM。

MCS-51 单片机采用的封装方式和制造工艺有关。采用 HMOS 制造工艺时,其采用 40 只引脚的双列直插封装,结构如图 2-2 所示。

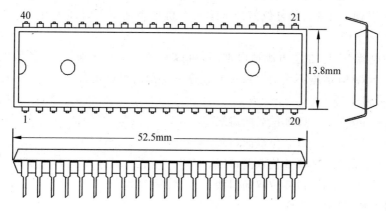

图 2-2　双列直插封装

采用 CHMOS 制造工艺时,其采用 44 引脚的方形封装方式,其中有 4 个引脚是无用的,结构如图 2-3 所示。

MCS-51 单片机采用 40 引脚双列直插式封装形式时,其引脚分布如图 2-4 所示。

MCS-51 单片机引脚按功能可分为以下 5 类。

1. 电源引脚

(1) V_{CC}：$+5V$ 电源。

(2) V_{SS}：地线。

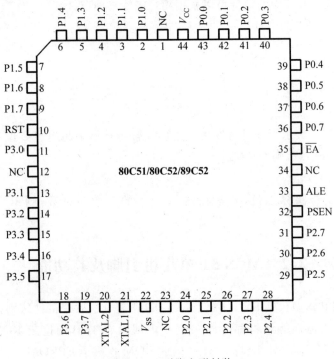

图 2-3　44 引脚方形封装

2. RST/VPD：复位/备用电源引脚

（1）RST 引脚：当输出的复位信号延续两个机器周期以上时即为有效，用来完成单片机的复位初始化操作。

（2）备用电源引脚：在主电源掉电期间，可以利用该引脚接通＋5V 备用电源给 RAM 供电，保证片内 RAM 数据不丢失。保证其在恢复电源后可以正常工作。

3. 信号引脚

（1）P0.0～P0.7：P0 口 8 位双向口线。

（2）P1.0～P1.7：P1 口 8 位双向口线。

（3）P2.0～P2.7：P2 口 8 位双向口线。

（4）P3.0～P3.7：P3 口 8 位双向口线。

4. XTAL1 和 XTAL2 引脚

外接晶振引脚的具体使用方法本书后面会具体说明。

5. 控制引脚

（1）ALE/PTOG：组成了 MSC-51 的控制总线，地址锁存使能输出/编程脉冲输入。

（2）EA/V_{PP}：外部程序存储器地址允许输入端，低电平有效。当该引脚为高电平时，从片内程序存储器中读取指令，只有当程序计数器（PC）超出片内程序存储器地址编码范围时，才转到外部程序存储器找那个读取指令。当该引脚为低电平时，一律从外部程序存储器中读取指令。它的第二功能是，V_{PP} 对 EPROM 的编程电源输入。

（3）PSEN：程序存储允许输出信号端。CPU 在从片外 ROM 读取指令时，该引脚将在每个机器周期内产生两次负跳变脉冲，作用片外 ROM 的使能信号。

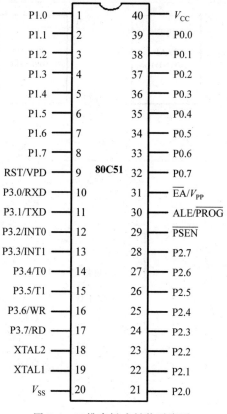

图 2-4　双排直插式封装引脚图

2.3　MCS-51 存储器结构

2.3.1　存储器简介

　　MCS-51 单片机存储器采用的是哈佛（Harvard）结构，如图 2-5 所示。这种物理结构分为程序存储器空间和数据存储器空间，即 ROM 和 RAM 可在不同的存储空间上，也就是说 ROM 和 RAM 的存储单元可以拥有相同的地址。将其空间细分，可以划分为片内、片外程序存储器和片内、片外数据存储器。存储器中有 11 个可寻址的位地址，片内数据存储器中有 128 个，特殊功能寄存器中有 83 个。

　　MCS-51 单片机中，程序存储器通过 16 位 PC 寻址，具有 64KB 寻址的能力，也可以在 64KB 的地址空间任意寻址。其中，片内程序存储器具有 4KB 片内程序存储器空间，其地址为 0000H～0FFFH；片外程序存储器空间最大可以扩展到 64KB，地址为 0000H～FFFFH，片内、片外统一编址。8051 有 256 个单元的片内数据存储器，其中 00H～7FH 为片内随机存储器 RAM，也叫低 128B，80H～FFH 为特殊功能寄存器，也叫高 128B。低 128B 又分为工作寄存器区、位寻址区和用户 RAM 区。存储器基本结构如图 2-6 所示。

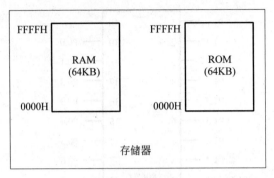

图 2-5 哈佛结构

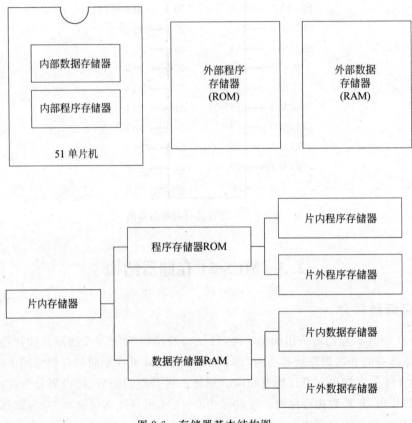

图 2-6 存储器基本结构图

2.3.2 程序存储器

MCS-51 单片机中的程序存储器是由 ROM 构成的,由于采用片内、片外统一编址,所以片内 4KB 存储空间地址 0000H~0FFFFH 与片外存储空间地址 0000H~0FFFH 冲突,所以当 CPU 访问片内存储器或者片外存储器时将由引脚上所接电平来确定,如图 2-7 所示。

(1) 当 EA 引脚接入高电平,若 PC 指针超出片内存储空间(即程序大于 4KB)则自动转向片外程序存储器空间中来执行程序,否则将在片内程序存储器空间执行程序。

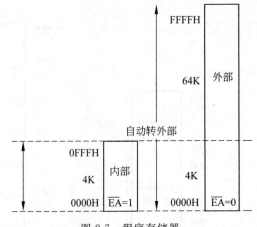

图 2-7　程序存储器

（2）当 $\overline{EA}$ 引脚接入低电平，片内 ROM 将被禁用，单片机只能执行片外程序存储器的程序。

通过 $\overline{EA}$ 引脚接入不同电平解决了程序存储器中片内、片外地址冲突的问题。

MCS-51 程序存储器中有 6 个存储单元拥有特殊用途，这是专门为了复位和中断功能所设计的。

（1）0000H 单元为系统启动地址，在单片机启动复位后，PC 的内容将被赋予 0000H，所以系统将从 0000H 单元取出指令开始执行。

（2）0003H～002AH 被均匀地分配成 5 段，用于 5 个中断服务程序的入口，分别是 0003H、000BH、0013H、001BH 和 0023H，其中 0003H 为外部中断 0 入口地址，000BH 为定时器 0 溢出中断入口地址，0013H 为外部中断 1 入口地址，001BH 为定时器 1 溢出中断入口地址，0023H 为串行口中断入口地址。

2.3.3　数据存储器

数据存储器的主要作用是存放运算的中间结果、标志位、待调试的程序等。数据存储器是由 RAM 构成的，具有写入速度快、可随机读写的特点，但是一旦掉电，其中所存入的数据将全部丢失。

数据存储器共有 256 个单元，分为片内随机存储器和特殊功能寄存器两部分，即低 128B 和高 128B。

低 128B 数据存储器又分为 3 个部分。

（1）工作寄存器区（00H～1FH）。00H～1FH 共 32 个单元，均匀地分配为 4 组工作寄存器堆：RB0～RB3。每一组寄存器堆包含 8 个工作寄存器，都用 R0～R7 来命名。这些寄存器被称为通用寄存器。工作寄存器的主要功能是临时存放 8 位信息。

在使用工作寄存器时，需要通过程序状态字寄存器（PWS）中的 RS0、RS1 来选择工作寄存器堆。

（2）位寻址区（20H～2FH）。片内数据存储器的 20H～2FH 存储区是位寻址区，可以作为一般单元按照字节寻址，也可以按位寻址。位寻址区具有 16B，其位地址为 00H～7FH。

（3）用户 RAM 区（30H～7FH）。用户 RAM 区主要是为数据提供缓冲区和堆栈。用

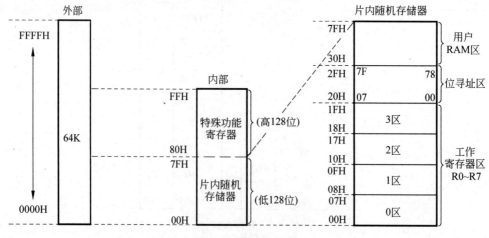

图 2-8 数据存储器

户 RAM 区只能按照字节寻址,通常堆栈区被设置在这个存储区域,由堆栈寄存器 SP 指定。

在 80H～FFH 的高 128B 数据存储器区中有 21 个特殊功能寄存器,其中空闲单元所占比例很大,但是这些单元是单片机后来功能增加的预留空间,对它们进行读写操作是没有任何意义的。21 个特殊功能寄存器如表 2-2 所示。

表 2-2　21 个特殊功能寄存器

序号	特殊功能寄存器名称	符号	字节地址	位　地　址							
1	B 寄存器	B	F0H	F7H	F6H	F5H	F4H	F3H	F2H	F1H	F0H
2	累加器	ACC	E0H	E7H	E6H	E5H	E4H	E3H	E2H	E1H	E0H
3	程序状态字	PWS	D0H	D7H	D6H	D5H	D4H	D3H	D2H	D1H	D0H
4	中断优先级控制寄存器	IP	B8H	BFH	BEH	BDH	BCH	BBH	BAH	B9H	B8H
5	P3 口锁存器	P3	B0H	B7H	B6H	B5H	B4H	B3H	B2H	B1H	B0H
6	中断允许控制寄存器	IE	A8H	AFH	AEH	ADH	ACH	ABH	AAH	A9H	A8H
7	P2 口锁存器	P2	A0H	A7H	A6H	A5H	A4H	A3H	A2H	A1H	A0H
8	串行口锁存器	SBUF	99H								
9	串行口控制寄存器	SCON	98H	9FH	9EH	9DH	9CH	9BH	9AH	99H	98H
10	P1 口锁存器	P1	90H	97H	96H	95H	94H	93H	92H	91H	90H
11	定时器/计数器 1（高 8 位）	TH1	8DH								
12	定时器/计数器 1（低 8 位）	TH0	8CH								
13	定时器/计数器 0（高 8 位）	TL1	8BH								

序号	特殊功能寄存器名称	符号	字节地址	位 地 址							
14	定时器/计数器 0（低 8 位）	TL0	8AH								
15	T0,T1 定时器/计数器方式控制寄存器	TMOD	89H								
16	T0,T1 定时器/计数器控制寄存器	TCON	88H	8FH	8EH	8DH	8CH	8BH	8AH	89H	88H
17	电源控制寄存器	PCON	87H								
18	数据地址指针（高 8 位）	DPH	83H								
19	数据地址指针（低 8 位）	DPL	82H								
20	堆栈指针	SP	81H								
21	P0 口锁存器	P0	80H	87H	86H	85H	84H	83H	82H	81H	80H

表中部分寄存器已经有所介绍,其余寄存器将在后续的学习过程中将结合案例进行介绍。

2.4 单片机复位、时钟与时序

2.4.1 复位与复位电路

单片机在开始运行时需要确保其 CPU 与其他功能部件处于初始化状态,确保其正常工作,这时候如何确保单片机正常工作呢? 这时就涉及单片机的复位问题。复位是指将单片机的各功能部件及 CPU 重置为初始状态。单片机复位电路在单片机中占据很大的影响,单片机复位电路设计的好坏直接影响整个系统工作的稳定性和可靠性。

在单片机运行开始的时候,复位会对片内各寄存器产生影响,各个寄存器的初始值如表 2-3 所示。

表 2-3 复位时各寄存器初始值

寄存器名称	位地址与符号								复位默认值
P0	P0.7	P0.6	P0.5	P0.4	P0.3	P0.2	P0.1	P0.0	FFH
SP									00H
DPTR									00H
PCON	SMOD	SMOD0	—	POF	GF1	GF0	PD	IDL	0xxx0000B
TCON	TF1	TR1	TF0	TR0	IE1	IT1	IE0	IT0	00H
TMOD	GATE	C/T	M1	M0	GATE	C/T	M1	M0	00H

寄存器名称	位地址与符号								复位默认值
TL0									00H
TL1									00H
TH0									00H
TH1									00H
P1	P1.7	P1.6	P1.5	P1.4	P1.3	P1.2	P1.1	P1.0	FFH
SCON	SM0/FE	SM1	SM2	REN	TB8	RB8	TI	RI	00H
SBUF									xxxxxxxxB
P2	P2.7	P2.6	P2.5	P2.4	P2.3	P2.2	P2.1	P2.0	FFH
IE	EA	—	ET2	ES	ET1	EX1	ET0	EX0	0xx00000B
IP									xxx00000B
P3	P3.7	P3.6	P3.5	P3.4	P3.3	P3.2	P3.1	P3.0	FFH
PC									0000H
A									00H
PSW									00H
B									00H

通过表 2-3 可以清楚地看到复位时各个寄存器所处的状态。复位后程序计数器 PC=0000H,即指向程序存储器 0000H 单元,CPU 将从这个单元开始执行程序。

单片机的复位信号是从 RST 引脚输入到芯片内的施密特触发器中的,当 RST 引脚上有一个高电平并维持 2 个机器周期(24 个振荡周期)以上时,CPU 就可以响应并将系统复位。单片机的复位方式有两种:上电复位和手动按钮复位。

1. 上电复位

上电复位只需要在 RST 复位输入引脚上接一个电容至 V_{cc} 端,下接一个电阻接地即可。上电复位的工作过程是在单片机加电时,复位电路通过电容给 RST 端加一个短暂的高电平信号,随着 V_{cc} 端给电容充电过程的进行,电流逐渐减小,RST 端的电位逐渐回落。也就是说,RST 端的高电平时间是取决于电容充电时间的,为了保证系统可以稳定可靠地复位,RST 端的高电平信号必须维持足够的时间。一般情况下,只要选用合适的电容和电阻就可以保证其 RST 端高电平时间完成复位。图 2-9(a)为上电复位图。

2. 手动按钮复位

手动按钮复位需要人为在 RST 端加上高电平,一般情况下是在 RST 端和正电源 V_{cc} 端加入一个按钮,当按按钮的时候,RST 端加上高电平。由于是人为操作,动作再快也会使 RST 端加高电平长达几十毫秒,满足复位操作所需要的时间。图 2-9(b)为手动按钮复位图。

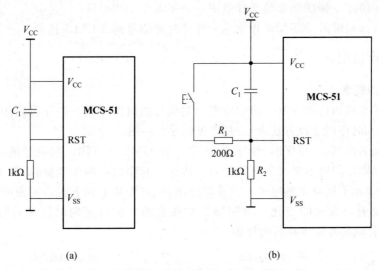

(a)　　　　　　　　　　　(b)

图 2-9　两种复位方式

2.4.2　时钟电路

时钟电路就是按照时间顺序产生电路。时针断路就是生产像时钟一样准确运动的振荡电路。

单片机在运行的时候,各程序必须在一个统一的时钟控制下才能按照正确的顺序执行。例如单片机运行时执行指令操作分为取指令、分析指令和执行指令 3 个步骤,每个操作又由许多的微指令来完成,此时就需要时钟电路按照顺序给它们排列顺序来完成每项操作。

时钟电路一般由晶体振荡器、晶振控制芯片和电容组成。单片机的时钟信号可以由两种方式产生,即内部时钟方式和外部时钟方式。图 2-10 为两种时钟方式。

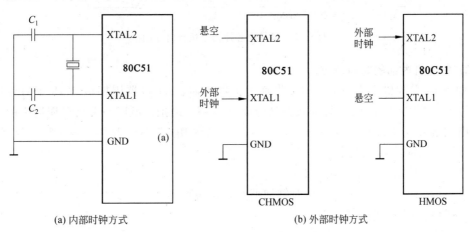

(a) 内部时钟方式　　　　　　　(b) 外部时钟方式

图 2-10　两种时钟方式

内部时钟方式即 MCS-51 单片机利用芯片内部的振荡电路产生时钟信号,这需要通过单片机的 XTAL1 和 XTAL2 引脚外接定时元件完成。MCS-51 单片机内部有一个高增益反向放大器,XTAL1 和 XTAL2 用于外接石英晶体和微调电容构成振荡器。电容选择范围一般为 3pF±10pF。振荡频率的选择范围一般在 1.2～12MHz。

在使用外部时钟时,XTAL2 用来输入外部时钟信号而 XTAL1 接地。

2.4.3 单片机时序

1. 时序的概念

时序即单片机执行指令时发出的所需控制信号的时间序列。时序可以用状态方程、状态图、状态表和时序图 4 种方法表示,最常见的是时序图。

时序图又名序列图、循序图、顺序图,它是一种 UML 交互图。它通过描述对象之间发送消息的时间顺序限时多个对象之间的动态协作。时序图有两个坐标轴,横坐标轴表示时间,纵坐标轴表示不同对象的电平。浏览时序图时,首先从上到下查看对象间的交互关系,分析随时间流逝而发生的变化。时间轴从左往右的方向为正向时间轴,即时间在增长。图 2-11 为某集成芯片指令执行时序图。

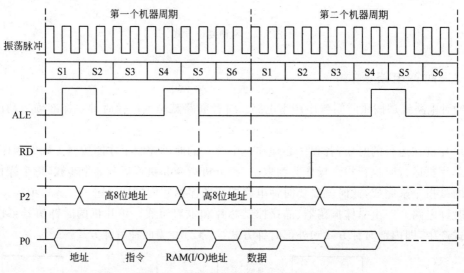

图 2-11 某集成芯片指令执行时序图

2. 单片机内部的时间单位

MCS-51 单片机完成一个基本操作称为机器周期,一个机器周期包含 12 个时钟周期,共分为 S1～S6 这 6 个状态,每个状态又分成 P1 和 P2 两拍。所以一个机器周期中的 12 个时钟周期表示为 S1P1,S1P2,…,S6P1,S6P2。若使用 12MHz 晶体,则一个机器周围为 1μs。图 2-12 为周期关系图。

(1) 时钟周期。计算公式如下:

$$时钟周期=1/振荡频率$$

其中,振荡频率为石英晶体频率 f_{osc}。

(2) 状态周期。计算公式如下:

$$状态周期=2×时钟周期$$

(3) 机器周期。机器周期是单片机应用中横梁时间长短最主要的单位。计算公式如下:

$$机器周期=12×1/f_{osc}$$

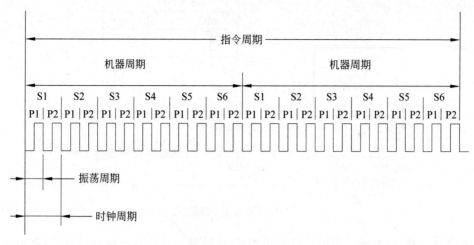

图 2-12　周期关系图

（4）指令周期：执行一条指令所需要的时间，单位是机器周期。

3．时序逻辑电路

单片机中有许多 CPU 时序逻辑电路，时序逻辑电路是数字逻辑电路的重要组成部分，主要由存储电路和组合逻辑电路两部分组成。时序逻辑电路其任意一颗的输出不仅取决于该时刻的输入，而且与过去各时刻输入有关。常见的时序逻辑电路有触发器、计数器、寄存器等。在此将介绍 51 单片机原理学习中遇到的一种 CPU 时序逻辑电路——D 触发器。

D 触发器结构如图 2-13 所示，其由 6 个与非门组成，其中 G1 和 G2 构成基本的 RS 触发器。D 触发器又分为正边沿 D 触发器和负边沿 D 触发器。

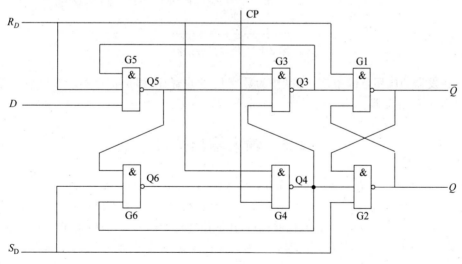

图 2-13　D 触发器结构图

（1）正边沿 D 触发器。正边沿 D 触发器原理如图 2-14 所示。D 触发器包括输入端 D、时钟端 CLK、输出端 Q 和输出端 $\bar{Q}$。正边沿 D 触发器只在时钟脉冲 CLK 上升沿到来时触发，并以此为根据改变 Q 和 $\bar{Q}$ 的状态，其他时刻 D 与 Q 是信号隔离的。

（2）负边沿 D 触发器。负边沿 D 触发器原理如图 2-15 所示。负边沿 D 触发器其结构

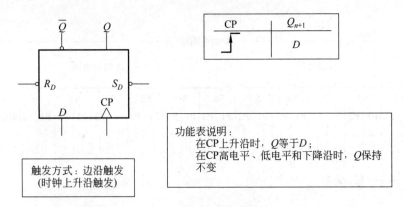

图 2-14　正边沿 D 触发器

同正边沿触发器一样,唯一不同的就是负边沿 D 触发器只在时钟脉冲 CLK 下降沿到来时触发,并以此为根据改变 Q 和 $\bar{Q}$ 的状态,其他时刻 D 与 Q 是信号隔离的。

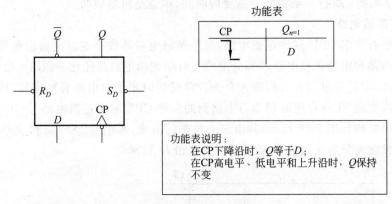

图 2-15　负边沿触发器

D 触发器的应用范围很广,可以作为数字信号的寄存、移位寄存等。在以后的章节中将多次用到 D 触发器。

2.5　输入输出接口

MCS-51 单片机共有 4 个 8 位双向并行输入输出(I/O)口(P0～P3),每个 I/O 口包括一个锁存器、一个输出驱动器和一个输入缓冲器;P0 口既可以作为一般 I/O 口使用,又可以作为地址/数据总线使用;P1 口是一个准双向并行口,作通用并行 I/O 口使用;P2 口除了用于通用 I/O 口外,还可以在 CPU 访问外部存储器时作为高 8 位地址线使用;P3 口为多功能口,除了具有准双向 I/O 口外,还具有其他功能。这 4 个 I/O 口将在接下来的内容里详细描述。

P0～P3 口是单片机与外部通信的重要通道,单片机通过这 4 个 I/O 口可以完成许多实用的应用电路。

2.5.1　P0 口

P0 口的 P0.0～P0.7 是 8 位双向的,其第一功能是基本的输入输出,第二功能则是在系统中作为数据总路线和低 8 位地址总线。P0 口是由 1 个输出锁存器、2 个三态锁存器(1、2)、输出控制电路(1 个非门(3),1 个与门(4)、1 个多路控制开关(MUX))、输出驱动电路(2 个场效应管 Q1、Q2)组成,其结构如图 2-16 所示。

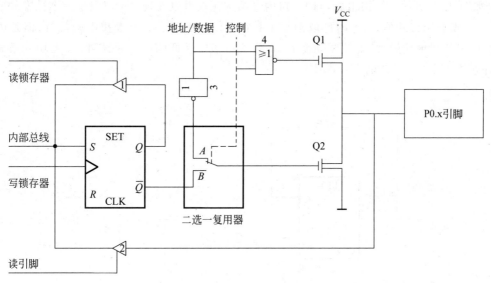

图 2-16　P0 口结构图

CPU 发出控制信号为低电平时,多路控制开关 MUX 接通 B 端,即与输出锁存器的 $\overline{Q}$ 连接,这时使与门输出为低电平,场效应管 Q1 截止。当 P0 端输出数据时,写信号加在 R 引脚上,内部总线上的数据通过 S 引脚由锁存器的 $\overline{Q}$ 端反相输出到 Q2 的栅极。若内部总线上数据为 1,则 Q2 栅极上为 0,此时 Q2 截止,Q2 处于漏极开路的开漏状态,为了保证 P0.0 输出高电平,必须外接上拉电阻,否则 P0 口不能正常工作。若内部总线上数据为 0,则此时 Q2 导通,P0.0 输出低电平。

当 P0 口输入数据的时候,分为读引脚和读锁存器两种方式,分别用到两个输入缓冲器。

(1) 读引脚操作。读引脚操作即单片机执行端口输入指令时的操作,这时由控制信号将三态缓冲器 2 打开,引脚上的数据经三态缓冲器 2 进入到内部总线中。

(2) 读锁存器操作。读锁存器操作即单片机执行"读—修改—写"类的指令时的操作。在执行这些操作时由"读锁存器"信号让三态锁存器 1 打开,读入 P0 口在锁存器中的数据,然后与累加器 A 中的数据进行运算,结果返回 P0 口。这种操作不直接读取引脚上的数据,而是从锁存器 Q 端读取数据,这是为了防止出错确保得到正确的结果。

由于 P0 口内部没有电阻用于分压,因此通常需要外接 10kΩ 的上拉电阻才能正常工作。

P0 口的第二功能是系统扩展时分时作为数据总路线和低 8 位地址总线,此时控制信号为高电平,多路转换开关接通到 A 端,同时与门的输出由"地址/数据"端的状态决定。P0 口在"地址/数据"的方式下没有漏极开路的问题,所以不用外接上拉电阻。

P0 口的输出级能以吸收电流的方式驱动 8 个 LS TTL 负载,即灌电流不大于 $800\mu A$。一般情况下将 $100\mu A$ 的电流定义为一个 LS TTL 负载的电流。

2.5.2 P1口

P1口的P1.0~P1.7是8位双向的,用于完成8位数据的并行输入输出。P1口由8个如图2-17所示的结构组成,与P0口内部结构比较可以发现,P1口只是一个标准的准双向端口,没有第二功能。P1内部取消了上拉的FET,使用了一个上拉电阻代替;但是内部上拉电阻的阻值比较大,上拉驱动能力弱,除了功率要求低的应用系统外,在大功率系统中最好外接一个约10kΩ的上拉电阻。

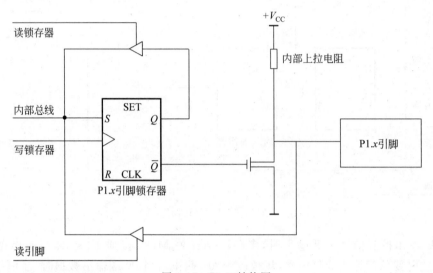

图 2-17 P1口结构图

P1口与P0口类似,也具有输出、读引脚、读锁存器3种工作方式。在此不再赘述。

P1口能驱动4个LS TTL负载,即灌电流不大于$400\mu A$。

2.5.3 P2口

P2口的P2.0~P2.7为8位双向的,是由8个D触发器构成的(即特殊功能寄存器P2),其结构如图2-18所示。第一功能为基本输入输出;第二功能是在系统扩展时作为高8位地址总线使用。

(1) P2口是一个准双向端口。当P2口作为通用I/O使用时,单片机控制二选一复用器偏向P2.x锁存器的Q端,此时P2口的功能和使用方法都类似于P1口,具备输出、读引脚和读锁存器3种工作方式。

(2) P2口的第二功能。当P2口作为系统扩展外总线时,程序计数器PC或数据指针DPTR的高8位地址需要从P2.x引脚输出,此时P2不可以作为通用I/O口使用;P2端输出高8位地址时,硬件电路自动设置"控制"线使得二选一复用器偏向"地址"端,使其输出的高8位地址输出到P2.x引脚。

P2口的负载能力和P1口相同,能驱动4个LS TTL负载。

2.5.4 P3口

P3口的P3.0~P3.7为8位双向的,其结构如图2-19所示。第一功能为基本输入输

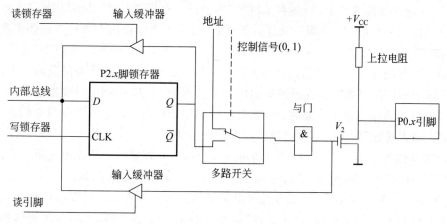

图 2-18   P2 口结构图

出;第二功能如表 2-4 所示。

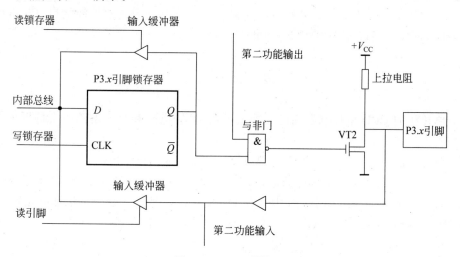

图 2-19   P3 口结构图

表 2-4   P3 口第二功能定义

端 口	第 二 功 能	信 号 名 称
P3.0	串行数据接收	RXD
P3.1	串行数据发送	TXD
P3.2	外部中断 0 申请	INT0
P3.3	外部中断 1 申请	INT1
P3.4	定时器/计数器 0 计数输入	T0
P3.5	定时器/计数器 1 计数输入	T1
P3.6	外部 RAM 写选通	WR
P3.7	外部 RAM 读选通	RD

8 个 D 触发器构成了 P3 口锁存器(即特殊功能寄存器 P3),与 P1 口相比,P3 口结构中多了与非门 B 和锁存器 T 这两个元件。所以 P3 口除了当作通用 I/O 口外还能实现第二功能口功能。

当 P3 口使用通用 I/O 口输出数据的时候,"第二输出功能"信号需保持高电平,令与非门开锁,这个时候端口数据锁存器的输出端 Q 可以控制 P3. x 引脚上的输出电平。

当 P3 口作为第二输出功能时,P3 口对应的数据锁存器应该置"1",令与非门开锁,这个时候"第二输出功能"输出的信号可以控制 P3. x 引脚上的输出电平。

当 P3 口作为通用 I/O 口输入数据的时候,不管输入的是第一功能还是第二功能,相应的输出锁存器和"第二功能"信号都应该保持为"1",令下拉驱动器截止。

输入部分有两个缓冲器,第二功能专用信息的输入取自 P3. x 引脚直接相连接的缓冲器,通用 I/O 口输入信息则取自"读引脚"信号控制的三态缓冲器的输入,通过内部总线输送至 CPU 内。

总而言之,P0~P3 口都可以作为准双向通用 I/O 口,但是其中只有 P0 需要外接上拉电阻,其余口不需要。在需要片外设备的时候,P2 口可以作为其地址线接口,P0 口作为其地址线或数据线复用口,此时 P0 口是真正双向的。

本 章 小 结

1. 单片机的 CPU 由控制器和运算器组成,在时钟电路和复位电路的支持下可以按照一定的时序工作。

2. 单片机的时序包括时钟周期、状态周期、机器周期和指令周期 4 种。

3. 51 单片机采用哈佛结构存储器,共有 3 个逻辑存储空间和 4 个物理存储空间。

4. 51 单片机的低 128 位 RAM 中共有 4 个工作寄存器组,128 个位地址单元和 80 个字节地址单元;片内高 128 位 RAM 中分布有 21 个特殊功能寄存器。

习 题 2

1. 简要说明 MCS-51 单片机的内部功能部件及其功能。

2. 简要说明 MCS-51 单片机的外部引脚名称及其功能。

3. MCS-51 单片机存储器采用的是哪种物理存储结构?该存储结构有什么特点?

4. MCS-51 单片机有几个 I/O 口?分别说明其结构和功能。

5. MCS-51 单片机内部 RAM 区有几个工作寄存器区?

6. 80C51 单片机在功能上、工艺上有哪些种类?

7. 80C51 单片机的 P0~P3 口在结构上有何不同?

8. 如果一个 80C51 单片机的晶振频率为 14MHz,时钟周期、机器周期为多少?

9. 80C51 单片机的 PSW 寄存器各位标志的意义如何?

10. 80C51 系列单片机在片内集成了哪些主要逻辑功能部件?

11. 80C51 存储器在结构上有何特点?在物理上和逻辑上各有哪几种地址空间?访问片内 RAM 和片外 RAM 的指令格式有何区别?

第 3 章　C51 开发语言

本章重点

- C51 的数据：常量、变量、bit、char、unsigned char、int、unsigned int；code、data、bdata 和 xdata。
- 基本运算与流程控制：算数运算、关系运算、逻辑运算、赋值运算、位运算、if、switch、while 和 for。
- 数组、指针与函数：数组、指针、函数、库函数和中断函数。
- 预处理指令：＃include；＃define；＃if、＃else 和＃endif。
- C51 程序结构：main()函数、程序结构、注释和关键字。

学习目标

- 了解 C51 语言在单片机开发中程序的结构特点。
- 掌握 C51 语言在单片机开发中程序的编制原则。
- 掌握 C51 程序设计的特点和基本方法。

3.1　C51 语言概述

3.1.1　C51 语言的特点

单片机的程序设计语言经历了从机器语言、汇编语言到 C 语言的发展过程。早期的单片机编程主要使用汇编语言，但随着技术的发展，C 语言成为单片机的主流设计语言。C 语言具有代码效率高、数据类型丰富、运算功能强等优点，并且具有良好的程序结构，适用于各种应用程序设计。

C51 是为 51 系列单片机设计的一种 C 语言，它在标准 C 语言的基础上针对 51 系列单片机的硬件结构和内部资源特点进行了扩展，具有结构化和模块化的特点。C 语言可读性好、易于调试、编程效率高，产品开发周期短；C 语言可移植性好，很多微控制器都支持 C51 编译器；C51 语言微控制器是相互独立的，开发者不必知道处理器的具体内部结构和处理过程，可以很快上手，缩短学习时间和程序开发时间。C51 语言已经成为公认的高效、简洁又贴近 51 单片机硬件的实用高级编程语言。

3.1.2　C51 语言与 ANSI C 的区别

C51 语言和 ANSI C 的区别如下。

（1）库函数不同。ANSI C 语言的部分库函数不适用于 51 系列单片机，因此被排除在 C51 之外，例如字符屏幕和图形函数。

（2）数据类型的区别。C51 在 ANSI C 语言的基础上又扩展了 4 种数据类型，例如位操作指令。

（3）数据存储类型不同。ANSI C语言是为通用计算机设计的，通用计算机中存储器统一寻址，而51系列单片机不但有片内、片外程序存储器，而且有片内、片外数据存储器。ANSI C语言中并没有这部分存储器的地址范围的定义。此外，ANSI C语言在特殊功能寄存器方面也没有定义。

（4）中断方面不同。C51中定义了中断函数，而ANSI C语言并没有处理单片机中断的定义。

（5）头文件不同。C51系列的头文件中包含了51单片机的内部硬件资源，例如定时器、中断、输入输出等所对应的功能寄存器。

（6）输入输出处理不同。C51语言的输入输出是通过51单片机的串行口来完成的，因此在输入输出指令执行前必须对串口进行初始化。

3.1.3 C51程序基本结构

与ANSI C语言相同，C51程序由一个或多个函数构成，其中至少要包含一个主函数main()。主函数是程序的入口，程序执行时一定是从主函数开始的，当主函数所有语句执行完毕，则程序执行结束。C51程序一般结构如下：

```
预处理命令            /* 用于包含头文件 */
全局变量定义          /* 全局变量可被本程序的所有函数引用 */
函数类型声明
main(){              /* 主函数定义 */
局部变量定义；        /* 局部变量只能在所定义的函数内部引用 */
执行语句；
函数调用(形参表)；
}
    /* 其他函数定义 */
函数1(形参说明){
局部变量定义；
执行语句；
函数调用(形参表)；
}
……
函数n(形式参数说明){
   局部变量定义；
执行语句；
函数调用(形参表)；
}
```

其中，

```
#include<reg51.h>
```

或

```
#define
```

是预处理命令,使用时通过 include 指令加载,将头文件包含在所编写的单片机 C 程序中,这样在编写程序时就不用担心单片机内部的存储器分配等问题了,例如在头文件 reg51. h 中包含了对 8051 单片机特殊功能寄存器名的集中说明,加载该头文件,就可直接引用特殊功能寄存器。

函数是 C51 程序的基本单位,C51 程序是由函数构成的,函数之间可以调用,但 main( )函数只能调用其他函数,不能被其他函数调用。其他函数可以是已经定义好的库函数,也可以是用户自己定义的函数。不管 main( )函数在程序中的哪个位置,程序总是从 main( )函数开始执行。

C51 语言有以下两种注释方法。

(1) 用"//"开始的单行注释。这种注释可以单独占一行,也可以出现在一行中其他内容的右侧。注释以"//"符号开始,以换行符结束。即"//"只能注释一行,不能换行。若要注释多行,需用多个"//"单行注释。

(2) 用"/ * "符号开头,以" * /"符号结束的块式注释。在符号"/ * "与符号" * /"之间的内容都为注释内容,此方法灵活多变,可以单独占一行,可以注释多行。

以下通过实现一个不停闪烁的发光二极管的源程序具体说明 C51 程序的基本结构:

```
#include<reg51.h>            //文件包含预处理命令
#define uint unsigned int     //宏定义预处理命令,表示 uint 为无符号整数类型
sbit p1_0=P1^0;             //输出端口定义
void delay();               //延迟函数声明
void main(){                //主函数
  while(1){                 //循环语句,实现死循环功能
    p1_0=0;                 //p1.0="0"时,灯亮
    delay();                //调用延时函数,延迟
    p1_0=1;                 //p1.0="1"时,灯灭
    delay();                //调用延迟函数,延迟
  }
}
void delay(){               //定义延迟函数
uint i;                     //整型变量 i 定义
for(i=250;i>0;i--);         //用没有语句体的循环语句实现延迟
}
```

3.2   C51 语言程序基础

1. 数据类型

C51 数据类型可分为基本数据类型和复杂数据类型。

(1) 基本数据类型有 char(字符型)、int(整型)、long(长整型)、float(浮点型)、*(指针型)等,如表 3-1 所示。

(2) 复杂数据类型是由基本数据类型构造的,有数组、结构、联合、枚举等,与 ANSI C 相同。

表 3-1 C51 的基本数据类型

数据类型		长度/B	值 域
无符号字符型	unsigned char	1	$0 \sim 255$
有符号字符型	signed char	1	$-128 \sim 127$
无符号整型	unsigned int	2	$0 \sim 65\ 535$
有符号整型	signed int	2	$-32\ 768 \sim 32\ 767$
无符号长整型	unsigned long	4	$0 \sim 4\ 294\ 967\ 295$
有符号长整型	signed long	4	$-2\ 147\ 483\ 648 \sim 2\ 147\ 483\ 647$
浮点型	float	4	$1 \times 10^{-38} \sim 1 \times 10^{38}$
双精度浮点型	double	8	$1 \times 10^{-308} \sim 1 \times 10^{308}$
指针型	一般指针	$1 \sim 3$	$0 \sim 65\ 535$

除此之外,C51 还支持以下几种特殊的数据类型,分别对应于 bit、sfr、sfr16 和 sbit 这 4 个关键字。

(1) bit:位类型。可定义 1 个位变量,只有一个长度,不是 0 就是 1,不能定义位指针,也不能定义位数组。

(2) sfr:特殊功能寄存器。可定义 51 单片机的所有内部 8 位特殊功能寄存器,sfr 型数据占用 1 个内存单元,其取值范围为 0~255。sfr 关键字后面通常为特殊功能寄存器名,等号后面是该特殊功能寄存器所对应的地址,即为 80H~FFH 的常数。例如:

```
sfr P1=0x90;              //定义 P1 口
```

的地址为 90H。

(3) sfr16:16 位特殊功能寄存器。可定义 51 单片机内部 16 位特殊功能寄存器,它占用两个内存单元,取值范围是 0~65535。sfr16 等号后面是 16 位特殊功能寄存器的低位地址,例如:

```
sfr16 DPTR=0x82;          //定义 DPTR
```

的地址为 82H、83H。

(4) sbit:可位寻址型。用于定义 51 单片机内部 RAM 或特殊功能寄存器的可寻址位。sbit 有以下 3 种定义方法。

① sbit 位变量名=位地址。这种方法将位的绝对地址赋给位变量,位地址必须是 0x80~0xFF。例如:

```
sbit P1_1=0x91;
```

② sbit 位变量名=特殊功能寄存器名^位位置。当可寻址位位于特殊功能寄存器中时可采用这种方法,位位置是一个 0~7 的常数。例如:

```
sbit P1=0x90;            //先定义一个特殊功能寄存器名,再定义位变量名的位置
sbit P1__1=P1^1;
```

③ sbit 位变量名＝字节地址^位的地址。这种方法以一个常数(字节地址)作为基地址,该常数必须在 0x80H～0xFFH,位地址是一个 0～7 的常数。例如:

```
sbit P1__1=0x90^1;
```

通常,特殊功能寄存器及其中的可寻址位命名已包含在 C51 系统提供的库文件 reg51.h 或 reg52.h 中,用

```
#include<reg51.h>
```

加载该库文件,就可直接引用。

2. 存储类型

(1) 存储种类。存储种类是指变量在程序执行过程中的作用范围,存储种类有 auto(自动)、extern(外部)、static(静态)和 register(寄存器)4 种,默认类型为自动(auto)。auto 型变量属于动态局部变量,它的作用范围在定义它的函数体或复合语句内部,函数调用结束就释放存储空间,每调用一次就赋一次初值。static 属于静态局部变量,在整个程序运行期间不释放,多次调用也只赋一次初值。extern 定义的变量属于外部变量,当使用一个函数体外或其他程序中定义过的外部变量时,需要在本函数体内用 extern 声明。外部变量被定义后,在整个程序执行期间都有效。外部变量是全局变量,在程序执行期间一直占有固定内存。register 定义的变量称为寄存器变量,寄存器变量存放于 CPU 内部的寄存器中,使程序运行速度加快。

(2) 存储类型。51 系列单片机有片内数据存储器、片外数据存储器和程序存储器,每个变量可以明确地分配到指定的存储空间,因此在定义变量的数据类型时,还必须指定它的存储类型。51 单片机有 6 种不同存储类型,其与存储空间的对应关系如表 3-2 所示。

表 3-2　C51 的存储类型与存储结构

存储类型	存储空间位置	说　　明
data	直接寻址片内低 128B 的存储区	访问速度最快(00H～7FH)
bdata	可位寻址片内 16B 的存储区	允许位与字节混合访问(20H～2FH)
idata	间接访问的片内高 256B 的存储区	允许访问全部片内地址(00H～FFH)
pdata	分页寻址片外页 RAM	常用于外部设备访问(00H～FFH)
xdata	片外 64KB 的 RAM	访问速度相对较慢,常用于存放不常用的变量或等待处理的数据(0000H～FFFFH)
code	程序 ROM	程序存储器,常用于存放数据表格等固定信息(0000H～FFFFH)

在程序中定义一个变量的同时说明变量的存储类型。例如:

```
unsigned char data system-statue=0;
bit bdata flags;
unsigned char pdata z;
```

（3）存储模式。如果在变量定义时没有指定存储类型，C51 编译器就会采用默认的存储类型。默认的存储类型由编译器控制命令中的存储器模式指令进行限制，存储模式共分3 种，如表 3-3 所示。

表 3-3　C51 存储模式和默认存储类型

存储模式	默认存储类型	特　　　点
SMALL	data	小编译模式，参数和局部变量被默认在片内 RAM，访问数据的速度最快，存储容量较小
COMPACT	pdata	紧凑编译模式，参数和局部变量被默认在片外分页 RAM，访问速度介于两者之间
LARGE	xdata	大编译模式，参数和局部变量被默认在片外 64KB 的 RAM，访问效率不高，存储容量较大

例如，在 SMALL 模式下，char a 就等价于 char data a，在 LARGE 模式下，char a 就等价于 char xdata a。

对于单片机的 C51 编程，正确定义数据类型及存储类型，可以提高运行速度，节省存储空间。

3. 常量与变量

（1）常量。常量是在程序运行过程中不能改变值的量，常存在于 ROM 中，数值常量就是数学中的常数。常量可以是任意数据类型，包括整型常量、浮点型常量、字符型常量及字符串常量等。

① 整型常量。整型常量即整常数，它可以是十进制、八进制、十六进制数字表示的整数值。一般来说，C51 程序用十进制和十六进制数比较多，例如 1000、12345、0、−0x73、−9 等。

② 浮点型常量。浮点型常量又称为实型常量，是一个十进制表示的符号实数，实型常量的值包括整数部分、尾数部分和指数部分。例如 1.523、1.356E1、123E−3、0.0025、2.5e5。小数点之前是整数部分，小数点之后是尾数部分，可以省略。指数部分用 E 或 e 开头，幂指数可以为负，当没有符号时视正指数的基数为−10，例如 1.256E10 表示为 $1.256×10^{10}$。字母 E 或 e 之前必须有数字，且 E 或 e 之后必须为整数。例如 e5、5.3e3.8 就是不正确的指数形式。

③ 字符型常量。字符型常量是单引号内的字符，例如'a' '5' '! '，单引号只起定界作用，并不表示字符本身。C51 中字符是按其对应的 ASCII 码值来存储的，一个字符占 1B。注意字符'5'与数字 5 的区别，前者是字符常量，后者是整型常量。

④ 字符串常量。字符串常量是指用一对双引号括起来的一串字符，双引号只起定界作用，例如"abcd" "CHINA"等。C 语言将字符串常量作为一个字符类型数组来处理，在存储字符串常量时要在字符串的尾部加一个转义字符"\0"作为结束符。因此字符常量'a'与字符串常量"a"是不一样的，前者占用 1B 空间，后者占用 2B 空间。

（2）变量。变量是一种在程序执行过程中值可以不断变化的量。在使用一个变量前必

须先定义,C51 定义一个变量的格式如下:

```
〔存储种类〕 数据类型 〔存储类型〕 变量名;
```

其中,存储种类和存储类型是可选项,数据类型和变量名是不能省略的部分。例如:

```
data char xdata a;
pdata int data x;
```

4. 标识符与关键字

标识符和关键字都是编程语言最基本的组成部分,C51 语言支持自定义的标识符与系统保留的关键字。

标识符是用来标识源程序某个对象名字的,这些对象包括常量、变量、数组、函数、数据类型以及语句标号等。一个标识符由字母、数字和下划线组成,并且第一个字符必须是字母或下划线,例如 status、count、_value,ch_1 都是合法的标识符,3time、98m% 、day * time 都是不合法的标识符。另外,标识符区分大小写,max 与 MAX 代表两个不同的标识符。

关键字是编译器已定义保留的特殊标识符,也称为保留字。它们有固定的名称和含义,例如 int、if、while、do、case 等,且在程序编写中不允许标识符和关键字相同。单片机 C51 程序语言不仅继承了 ANCI C 标准定义的 32 个关键字,还根据 51 单片机的特点扩展了特有的关键字。C51 中常用关键字如表 3-4 和表 3-5 所示。

表 3-4 ANSI C 标准关键字

关 键 字	用 途	说 明
auto	存储种类说明	声明局部变量,一般默认值为此类型
break	程序语句	退出最内层循环体
case	程序语句	switch 语句中的选择项
char	数据类型说明	单字节整型数或字符型数据
const	存储类型说明	定义不可更改的常量
continue	程序语句	中断本次循环,转向下一次循环
default	程序语句	switch 语句的默认选择项
do	程序语句	构成 do…while 循环结构
double	数据类型说明	双精度浮点型数据
else	程序语句	构成 if…else 选择结构
enum	数据类型说明	枚举
extern	存储种类说明	说明全局变量
float	数据类型说明	单精度浮点型数据
for	程序语句	构成 for 循环语句
goto	程序语句	构成 goto 转移语句

关 键 字	用 途	说 明
if	程序语句	构成 if…else 选择结构
int	数据类型说明	基本整型数据
long	数据类型说明	长整型数据
register	存储种类说明	CPU 内部寄存的变量
return	程序语句	函数返回
short	数据类型说明	短整型数据
signed	数据类型说明	有符号数,二进制最高位为符号位
sizeof	运算符	计算表达式或数据类型占有的字节数
static	存储种类说明	声明静态变量
struct	数据类型说明	结构类型数据
switch	程序语句	构成 switch 选择结构
typedef	数据类型说明	重新定义数据类型
union	数据类型说明	联合类型数据
unsigned	数据类型说明	无符号数据
void	数据类型说明	无类型数据
volatile	数据类型说明	可在程序执行中隐含地改变
while	程序语句	构成 while 和 do…while 循环结构

表 3-5 C51 扩展关键字

关 键 字	用 途	说 明
bit	声明位变量	声明位变量或位类型函数
sbit	声明位变量	声明可位寻址变量
sfr	特殊功能寄存器	声明特殊功能寄存器
sfr16	特殊功能寄存器	声明 16 位的特殊功能寄存器
data	存储类型说明	直接寻址的单片机片内数据存储器
bdata	存储类型说明	可位寻址的单片机片内数据存储器
idata	存储类型说明	间接寻址的单片机片内数据存储器
pdata	存储类型说明	分页寻址的单片机片内数据存储器
xdata	存储类型说明	单片机片外数据存储器
code	存储类型说明	单片机程序存储器
interrupt	中断函数声明	定义中断服务函数
reetrant	再入函数声明	定义再入函数
using	寄存器组定义	定义单片机的工作寄存器

3.3 C51 语言的基本运算和流程控制语句

3.3.1 运算符和表达式

运算符是完成某种特定运算的符号,表达式则是由运算符及运算对象组成的具有特定含义的式子。在表达式后面加一个";"就构成了表达式语句。C 语言除了控制语句和输入输出语句以外几乎所有的基本操作都作为运算符处理,按其在表达式中所起的作用可分为算术运算符、赋值运算符、关系运算符、逻辑运算符、位运算符、复合运算符、条件运算符、逗号运算符、指针和地址运算符等。当运算符的运算对象只有 1 个时,称为单目运算符;当运算对象有 2 个时,称为双目运算符;当运算对象有 3 个时,称为三目运算符。

1. 赋值运算符和赋值表达式

赋值符号"="即为赋值运算符,其功能是将数据赋给变量。用赋值运算符将变量与表达式连接起来的式子为赋值表达式。其一般形式为

```
变量=表达式;
```

例如:

```
a=20;              //将常量 20 赋给变量 a
b=d=3;             //将常量 3 分别赋给变量 b 和 d
f=a+b;             //将变量 a+b 的值赋给变量 f
m=(a=3)+(b=4);     //表达式的值为 7,a 为 3,b 为 4,m 为 7
```

赋值运算符按照"从右至左"的顺序结合,先计算"="右边表达式的值,赋值给左边的变量,且右边表达式中还可以包含赋值表达式。注意,"="是赋值运算符,不等同于"=="(表示等于)。

2. 算术运算符和算术表达式

C51 中的算术运算符有+(加或取正值)运算符,-(减或取负值)运算符、*（乘)运算符、/(除)运算符、%(取余)运算符。其中只有取正值和取负值是单目运算符,其他都是双目运算符。这些运算符中对于加、减和乘运算都符合一般的算术运算规则,但除法和取余运算符不同。对于除法运算,两个整数相除,其结果仍为整数,舍去小数部分;两个浮点数相除,其结果仍为浮点数。取余运算要求两个运算对象均为整数数据。另外,由于字符型数据会自动转换成整形数据,因此字符型数据也可以参加算术运算。用算术运算符将运算对象连接起来组成的式子就是算术表达式,算术表达式的一般形式为

```
表达式1 算术运算符 表达式2
```

例如:

```
x+(a+10) * b
(a+b)/((x-y) * c)
```

都是合法的算术表达式。

C 语言规定了运算符的优先级和结合性,算术运算符中取负值(—)优先级最高,其次是乘(*)、除(/)和取余(%)运算符,加(+)、减(—)运算符优先级最低,但是可以用括号(())来改变优先级,括号的优先级最高。在优先级相同时,结合方向为自左至右。

另外,C 语言中还有自增(++)、自减(——)运算符。

++i,——i(在使用 i 之前,先使 i 的值加或减 1);

i++,i——(在使用 i 之后,使 i 的值加或减 1)。

例如,i 原值等于 3,分析下面语句:

```
j=++i;          //i 的值先变成 4,再赋给 j,j 的值为 4
j=i++;          //现将 i 的值 3 赋给 j,j 的值为 3,然后 i 变为 4
```

注意:自增、自减运算符只能用于变量,不能用于常量或表达式,且结合方向是自右向左。如 7++,或——(a+b)都是不合法的。

3. 关系运算符和关系表达式

关系运算实际上就是比较运算,主要用于比较操作数的大小关系。C51 语言提供了 6 种关系运算符: <(小于)、<=(小于等于)、>(大于)、>=(大于等于)、==(等于)、!=(不等于)。这些运算符都是双目运算符,其中<、<=、>、>=的优先级相同,处于高优先级;==和!=的优先级相同,处于低优先级。关系运算符的优先级低于算数运算符,但高于赋值运算符。

用关系运算符将两个关系表达式连接起来的式子就是关系表达式,关系表达式通常用来判断某个条件是否满足。关系表达式的一般形式为

表达式 1 关系运算符 表达式 2

例如:

```
x>y
a+b<c
(x+4)>(y=2)
```

都是合法的关系表达式。

关系表达式的结果只有两种:0(false)或 1(true)。当两个表达式的关系符合关系运算符所给定的关系时,关系表达式的结果为 1,否则为 0。

4. 逻辑运算符和逻辑表达式

逻辑运算符用来求某个条件式的逻辑值,用逻辑运算符将关系表达式或逻辑量连接起来就是逻辑表达式。C 语言中有 3 种逻辑运算符: ||(逻辑或)、&&(逻辑与)、!(逻辑非)。逻辑运算的一般形式如下。

逻辑与:条件式 1 && 条件式 2;

逻辑或:条件式 1 || 条件式 2;

逻辑非:! 条件式。

逻辑与,只有当两个条件式都为真时,结果为真(非 0 值),否则为假(0 值)。逻辑或,当两个条件式有一个为真时,结果就为真,只有当两个条件式都为假时,结果才为假。逻辑非

是把条件式取反,当条件式为真时,结果为假,条件式为假时,结果为真。

与关系运算符类似,逻辑运算符也通常用来判断某个条件是否满足,逻辑运算的结果只有 0 和 1。

逻辑运算符也有优先级别,! 高于 && 高于||,逻辑非的优先级最高。至此以上几种运算符的优先级为,逻辑非高于算数运算符高于关系运算符高于逻辑与高于逻辑或。

5. 位运算符和位运算表达式

位运算是对字节或字中的二进制位(bit)进行逐位逻辑处理或移位的运算,C51 语言提供以下 6 种位运算符:~(按位取反)、<<(左移)、>>(右移)、&(按位与)、^(按位异或)、|(按位或)。位运算的一般形式如下:

变量1 位运算符 变量2

例如:

```
x=0,y=1
~x=1,~y=0; x&y=0;x|y=1;x^y=1
```

位运算符的作用是按位对变量进行运算,但并不改变参与运算的变量的值。如果需要改变变量的值,需要相应的赋值运算。并且,位运算符的运算量只能是整型或字符型数据,不能对浮点型数据进行操作。

位运算符也有优先级,由高到低依次是~、<<、>>、&、^、|。

6. 复合赋值运算符和复合赋值表达式

赋值运算符"="前加其他运算符构成复合赋值运算符。C51 中复合赋值运算符有+=(加法赋值)、-=(减法赋值)、*=(乘法赋值)、/=(除法赋值)、%=(取模赋值)、<<=(左移位赋值)、>>=(右移位赋值)、&=(逻辑与赋值)、|=(逻辑或赋值)、^=(逻辑异或赋值)、~=(逻辑非赋值)。

复合赋值运算就是先对变量进行运算,然后将运算结果赋给参与运算的变量。其一般形式为

变量 复合赋值运算符 表达式

例如,a+=8 等价于 a=a+8,b*=5 等价于 b=b*5。

7. 逗号运算符和逗号表达式

逗号运算符可以把两个或多个表达式连接起来,形成逗号表达式。其一般形式为

表达式 1,表达式 2,表达式 3,…,表达式 n

逗号表达式的求解就是从左到右依次计算每个表达式的值,整个逗号表达式的值等于最右边表达式的值。例如:

```
int x,y;
x=3;
y=(x=x+5,x-2);
```

执行逗号表达式时先计算左边第一个表达式 x＝x＋5,然后计算 x－2,将 x－2 的值赋给 y。结果 x＝8,y＝6。

实际应用中,使用逗号表达式的目的只是为了分别得到各个表达式的值,而并不一定得到和使用整个逗号表达式的值。另外,并不是在程序中出现的逗号都是逗号运算符。例如,变量定义或函数参数列表中,逗号只是用作各变量之间的间隔符。

8. 条件运算符和条件表达式

条件运算符"?："是唯一一个三目运算符,把 3 个表达式连接构成一个条件表达式,其一般形式为

```
逻辑表达式?表达式 1：表达式 2
```

其求解过程是先计算逻辑表达式的值,如果为真(非 0 值),则表达式 1 的值作为整条表达式的结果;当逻辑表达式的值为假(0 值)时,表达式 2 的值作为整条表达式的结果。

例如:

```
max= (a>b)?a：b                    //当 a>b 时,max=a,否则 max=b
```

9. 指针与地址运算符

C51 中提供了两个专门用于指针和地址的运算符：&（取地址）和 ＊（取内容）。其一般的形式分别为

```
变量= ＊ 变量指针
指针变量=& 目标变量
```

取内容运算是指将指针变量所指的目标变量的值赋给左边的变量;取地址运算指将目标变量的地址赋给左边的变量。注意,指针变量中只能存放地址(指针型数据),不要将一个非指针类型数据赋给一个指针变量。例如:

```
char data * p;                    //定义指针变量
p=50H;                            //给指针变量赋值
```

3.3.2 流程控制语句

1. 分支控制语句(if,switch)

(1) if 语句。if 语句是 C51 语言的一个基本条件选择语句,它主要用来判断条件是否满足,从而根据条件执行相应的分支语句。if 语句的一般形式如下:

```
if(表达式)  语句 1
    ［else 语句 2］
```

表达式可以是关系表达式、逻辑表达式或数值表达式,其中最常用的是关系表达式。例如:if(x<6)中的 x<6 就是一个关系表达式。

语句 1 和语句 2 可以是简单的语句,也可以是复合语句或另一个 if 语句,方括号内的 else

子句为可选项,可以写,也可以不写。if 语句可写成不同形式,最常用的有以下 3 种形式。

形式 1:

```
if (表达式) 语句 1
```

形式 2:

```
if(表达式)  语句 1
    else  语句 2
```

形式 3:

```
if(表达式 1)  语句 1
    else  if(表达式 2) 语句 2
        else if(表达式 3) 语句 3
        …
    else if(表达式 n) 语句 n
    else 语句 n+1
```

例如:

```
if(n>10) m=6;
else if(n>5) m=5;
else m=0;
```

if 语句无论写在几行上都是一个整体,属于同一语句,else 不能作为一个语句单独使用,它必须与 if 语句搭配使用,是 if 语句的一部分。if 语句中要对给定的条件进行检查,判定给定的条件是否成立。判断的结果是一个逻辑值"是"或"否",根据所得结果执行相应分支语句。

(2) switch 语句。if 语句是只有两个分支可供选择,而实际问题中常用到多分支的选择。switch 语句就是多分支选择语句。switch 语句的作用是根据表达式的值,使流程跳转到不同的语句。switch 语句的一般形式如下:

```
switch(表达式)
{
    case 常量 1: 语句 1;break;
    case 常量 2: 语句 2;break;
    …
    case 常量 n: 语句 n;break;
    default: 语句 n+1;
}
```

switch 后面括号内表达式的值的类型应为整数类型(包括字符型)。执行 switch 语句时先计算 switch 后面表达式的值,然后将它与每个 case 标号比较,如果与某一 case 标号中的常量相同,就执行它后面的语句,遇到 break 语句就退出 switch 语句。如果没有与 switch 表达式相匹配的 case 常量,就执行 default 标号后面的语句。每一个 case 语句必须互不相同,否则会出现矛盾现象,各个 case 语句的出现次序不影响执行结果。每个 case 语句后面的 break 语句可以使流程跳出 switch 结构，没有 break 语句，流程将连续执行 case 语句。多个 case 语句可以共用一个 case 语句，例如：

```
case 'A':
case 'B':
case 'C': printf(">60\n");
break;
```

当选择条件为'A'、'B'、'C'时都执行输出语句

```
>60
```

2. 循环控制语句（for、while）

（1）while 语句。C51 语言中可以用 while 语句实现循环结构，while 语句的一般形式如下：

```
while (表达式)  语句
```

其中，语句就是循环体，循环体只能是一个语句，可以是一个简单的语句，如果循环体包含一个以上的语句，就应该用花括号包起来，作为复合语句出现。表达式也称为循环条件表达式，它可以控制执行循环体的次数，当表达式的值为"真"（非 0 值），就执行循环体，为"假"（0 值表示），就不执行循环体。while 循环的特点是：先判断条件表达式，后执行循环体语句。

除了 while 语句以外，C51 语言提供了 do…while 语句来实现循环结构。do…while 语句的一般形式为

```
do
    语句
while(表达式);
```

do…while 语句的执行过程是，先无条件执行循环体，然后判断循环条件是否成立，若成立，再执行循环体，直至表达式的值为假为止，此时循环结束。

（2）for 语句。除了可以用 while 和 do…while 语句实现循环外，C51 还提供了 for 语句实现循环，而且 for 语句更加灵活，不仅可以用于循环次数已经确定的情况，还可以用于循环次数不确定但给出循环结束条件的情况，它完全可以代替 while 语句。

for 语句的一般形式为

```
for(表达式 1;表达式 2;表达式 3)
    { 语句; }
```

表达式 1：设置初始条件，只执行一次，可以为零个、一个或多个变量设初值。
表达式 2：循环条件表达式，用来判断是否继续执行循环。
表达式 3：作为循环的调整，如是循环变量增值。
它的执行过程是，先求表达式 1 的值，进行初始化。然后求解表达式 2，若此表达式的

值为真(非 0 值),则执行 for 语句中的循环体,否则退出循环。最后执行表达式 3,并回到第二步。

例如:

```
for(int i=1;i<=100;i++)        //控制循环次数,i 为 1～100,共循环 100 次
    {printf("%d",i);}
```

表达式 1 可以省略,即不设初值,但表达式 1 后面的分号不能省略。表达式 2 也可以省略,即不设置和检查循环的条件,同样表达式 2 后面的分号也不能省略。表达式 3 也可以省略,但此时程序可能会无止境地执行下去,例如:

```
for(; ;)    {代码段}
```

3. break、continue、return 语句

(1) break 语句。前面介绍过用 break 语句可以使流程跳出 switch 结构,break 语句还可以用来从循环体内跳出循环体,即提前结束循环,接着执行循环下面的语句。

break 语句的一般形式为

```
break
```

其作用是使流程跳到循环体之外,接着执行循环体下面的语句,不再进入循环。break语句只能用于循环体语句和 switch 语句中,不能单独使用。

(2) continue 语句。break 语句是终止整个循环操作,但有时只希望结束本次循环,接着执行下次循环,此时可以用 continue 语句。

continue 语句的一般形式为

```
continue
```

其作用是结束本次循环,即跳过循环体下面尚未执行的语句,不再执行本次循环,程序代码从下一次循环开始执行,直到判断条件不满足为止。

continue 语句与 break 语句的主要区别就是:continue 语句只结束本次循环,而不是终止整个循环过程的执行;而 break 语句则是结束整个循环过程,不再判断循环执行的条件是否成立。

(3) return 语句。return 语句一般在函数的最后,用于终止函数的执行,并控制程序返回调用函数时所处的位置。返回时还可通过 return 语句带回返回值。return 语句有两种格式:

```
return;
return (表达式);
```

如果 return 后面有表达式,则先计算表达式的值,并将表达式的值作为函数返回值;若不带表达式,则函数返回时将返回一个表达式的值。

3.4 C51 语言的数组、指针和函数

3.4.1 数组

数组是一组统一数据类型数据的有序集合,用数组名来标识。整型变量的有序集合称为整型数组,字符型变量的有序集合称为字符型数组。数组中的数据,称为数据元素。

数组中各元素的顺序用下标表示,下标为 n 的元素可以表示为:数组名[n]。改变[]中的下标可以访问数组中的其他元素。数组有一维数组、二维数组和多维数组。C51 语言中常用一维数组、二维数组和字符数组。

1. 一维数组

只有一个下标的数组元素组成的数组就是一维数组。定义一位数组的一般形式如下:

```
类型符  数组名[常量表达式];
```

说明:数组名的命名规则与变量名相同,遵循标识符命名规则。方括号中的常量表达式用来表示数组元素个数,即数组长度。例如:int a[10];定义了一个一维整型数组 a[],有10 个元素,下标从 0 开始,这 10 个元素是 a[0]、a[1]、a[2]、a[3]、a[4]、a[5]、a[6]、a[7]、a[8]、a[9]。常量表达式中可以包含常量和符号常量,例如:

```
int a[2+3];
```

是合法的。

常量表达式中不能包含变量,例如:

```
int a[n];
```

是不合法的。

在定义一维数组时可以对全部数组元素赋予初值,例如:

```
int a[5]={0,1,2,3,4};
```

中各元素的初值顺序放在一对花括号内,数据间用逗号隔开。

也可以只给数组一部分元素赋初值,例如:

```
int a[10]={0,1,3,4,5};
```

花括号内只提供了 5 个初值,这表示只给前 5 个元素赋初值,系统自动给后 5 个元素赋初值为 0。

在对全部元素赋初值时,由于数据的个数已经确定,因此可以不用指定数组长度,例如:

```
int a[]={1,2,3,4,5};
```

系统自动根据花括号中数据的个数确定 a 数组有 5 个元素。

2. 二维数组

有两个下标的数组称为二维数组。二维数组常称为矩阵,把二维数组写成行和列的排列形式,有助于形象化地理解二维数组的逻辑结构。二维数组定义的一般形式为

```
类型说明符 数组名[常量表达式][常量表达式];
```

例如:

```
int a[3][4];
```

定义 a 为 3 行 4 列的数组。

二维数组可以用"初始化列表"对二维数组初始化,分行给二维数组赋初值。例如:

```
int a[3][4]={{1,2,3,4},{5,6,7,8},{9,10,11,12}};
```

也可以将所有数据写在一个花括号内,按数组元素在内存中的排列顺序对各元素赋初值。例如:

```
int a[3][4]={1,2,3,4,5,6,7,8,9,10,11,12};
```

赋值效果与前一种方法相同。

3. 字符数组

若数组的元素是字符型的,则该数组就是一个字符数组。例如:

```
char a[10]={'A', 'C', 'D', 'R', '', 'E','h', 'm', 'K'};
```

定义了一个字符型数组,有 10 个数组元素,其中 9 个字符分别赋给了 a[0]~a[8],a[9]被系统自动赋予了空格字符。

C51 允许用字符串直接给字符数组赋初值。例如:

```
char a[20]={"I am a student"};
```

系统自动在字符串常量最后加上'\0',因此若输出该字符串,只会输出有效字符"I am a student",而不是输出 20 个字符。

4. 数组与存储空间

当程序设定一个数组时,C51 编译器就会在系统中开辟一个存储空间,用于存储数组的内容。对于字符(char)数组来说,1 个数组元素占据 1B 存储单元;对于整型(int)数组来说,1 个数组元素占据 2B 的存储单元;对于长整型(long)数组或浮点型(float)数组来说,1 个数组元素占据 4B 的存储单元。当数组特别是多维数组中的元素没有被有效利用时,就会浪费大量的存储空间。对于 51 单片机,其存储资源极为有限,因此在进行 51 语言编程时,要根据需要仔细选择数组的大小。

3.4.2　指针

指针是指一个变量的地址,通过指针可以找到所需的变量单元,即指针指向变量单元。C51 定义的指针变量的形式如下:

```
数据类型［存储类型 1］* ［存储类型 2］指针变量名;
```

例如:

```
int idata * xdata p;
```

其中,数据类型是指被指向的变量的数据类型,例如 char 型、int 型等。存储类型 1 是指被指向变量所在的存储区类型,例如 data、xdata 等,省略时由该变量的定义语句确定。存储类型 2 是指指针变量所在的存储区类型,例如 data、xdata 等,省略时为 C51 编译模式的默认值 data。指针变量名是一个标识符,遵照 C51 命名规则。

例如:

```
char idata c='K';
char idata * xdata p=&a;
```

其中,p 是固定指向 idata 存储区的 char 型变量的指针变量,它自身存放在 xdata 存储区,此时,p 的值为位于 idata 存储区中的 char 型变量 c 的地址。

3.4.3　函数

函数是指能够执行特定功能和任务的程序代码段,从本质上讲是用来完成一定的功能的,每一个函数用来实现一个特殊功能。一个完整的 C51 程序是由一个主函数和若干个其他函数构成的,主函数调用其他函数,其他函数也可以互相调用,同一个函数可以被一个或多个函数调用任意多次。

1. 函数的分类

从用户角度来看,函数有两种:库函数和用户自己定义的函数。

(1) 库函数,它是由系统提供的,用户不必自己定义,可直接使用它们。

(2) 用户自己定义的函数,主要用于解决用户需要的函数。

除此之外,从函数形式看,函数还可分为无参函数和有参函数。

2. 函数的定义

C51 语言要求,在程序中用到的所有函数必须"先定义,后使用"。定义函数应包括函数的名字、类型(函数返回值类型)、参数的名字和类型(无参函数不需要)、功能等。但对于编译系统提供的库函数,编译系统已经事先定义好了,库文件中包含了对各函数的定义,程序设计者不必自己定义,只需用♯include 指令把相关的头文件包含到本文件的模块中即可。在相关的头文件中包含了对函数的声明。

定义函数的方法如下。

(1) 定义无参函数。函数名后面的括号是空的,没有任何参数,其一般形式为

```
类型名 函数名(void)
{
    函数体
}
```

函数名后面的括号内的 void 表示"空"，即函数没有参数，可以省略不写。类型名指定函数值的类型，函数体包括声明部分和语句部分。

（2）定义有参函数。其一般形式为

```
类型名 函数名(形式参数列表)
{
    函数体
}
```

例如，定义 max()函数为有参函数：

```
Int max(int x,int y)
{  int z;
   z=x>y?x: y;
   return z;
}
```

这是一个求 x 与 y 二者中较大者的函数，其中 max 是函数名，括号中的两个形式参数 x 和 y 都是整型的。在调用函数时，主调函数会把实际参数的值传递给形式参数 x 和 y。花括号内是函数体，包括声明部分和语句部分。声明部分包括对函数中用到的变量进行定义以及对要调用的函数进行声明等内容。return(z)的作用是将 z 的值作为函数返回值带回到主调函数。应当注意，在定义函数时返回值的类型应与函数类型一致，即函数类型决定返回值类型，max()函数为 int 型，返回值 z 也是 int 型。

（3）定义空函数。它的形式为：

```
类型名 函数名()
{}
```

函数体是空的。调用此函数时，什么工作也不做，没有任何实际应用。定义空函数的目的，并不是为了执行某种操作，而是为了以后程序功能的扩充。先将一些基本模块的功能函数定义成空函数，占好位置，并写好注释，以后再用一个编好的函数代替它。这样做，程序的结构清楚，可读性好，以后扩充新功能方便，对程序结构影响不大。

3. 函数的调用

定义函数的目的是调用此函数，在程序中需要用到某个函数的功能时，就调用该函数。调用者称为主调函数，被调用者称为被调函数。函数调用的一般形式为

```
函数名(实参列表)
```

如果调用无参函数，则实参列表可以没有，但括号不能省略。若被调用函数是有参函

数,则主调函数必须把被调函数所需要的参数传递给被调函数,要求实参和形参在数量、类型和顺序上都一致。实参可以是常量、变量和表达式。实参对形参的传递是单向的,即只能由实参传递给形参。

函数调用有 3 种方式。

(1) 函数调用语句。把函数调用单独作为一个语句,例如:

```
printf_message();
```

这时不要求函数返回结果数值,只要求函数完成一定的操作。

(2) 函数表达式。调用函数出现在一个表达式中作为表达式的一个运算对象,例如:

```
z=3* max(a,b);
```

被调用的函数作为一个运算对象出现在表达式中,这要求被调用的函数带有 return 语句,返回一个数值参加表达式的运算。

(3) 函数参数。被调函数作为另一个函数的实际参数,例如:

```
z=max(a,max(b,c));
```

其中,max(b,c)是一次函数调用,它的值作为 max()函数另一次调用的实参。

(4) 函数调用的说明。在一个函数中调用另一个函数(被调用函数)需要具备如下条件:

① 被调用的函数必须是已经定义好的函数(库函数或用户自己定义的函数)。

② 如果使用库函数,应该在本文件开头用♯include 指令将调用有关函数时所需用到的信息包含到程序中,例如:

```
#include<stdio.h>
```

其中,stdio. h 是一个头文件,其中包含了输入输出库函数的声明,如果不包含此头文件,就无法使用输入输出库中的函数。同样,使用数学库中的函数就应该用♯include<math. h>。h 是头文件所用的扩展名,表示头文件(header file)。

③ 如果使用用户自己定义的函数,且被调函数的位置在主调函数的后面,则应该在主调函数中对被调函数进行声明。声明的作用是把函数名、函数参数个数和参数类型等信息通知编译系统,以便在函数调用时,编译系统能够正确识别函数。函数声明的写法与函数定义中的第一行基本上是相同的,只差一个分号(函数声明比函数定义中的首行多了一个分号)。如果被调函数出现在主调函数之前,则不用对被调函数进行声明。

(5) 中断服务函数。C51 语言编译器允许用 C51 语言创建中断服务函数,为此增加了一个扩展关键字 interrupt,它是函数定义时的一个选项,加上这个选项就可以将函数定义成中断函数。中断函数是由中断系统自动调用的,用户在主程序或函数中不能调用中断函数,否则容易导致混乱。定义中断函数的一般形式为

```
函数类型　函数名 interrupt n [using n]
```

其中,interrupt 和 using 都是关键字,interrupt 后面的 n 为中断源的编号,即中断号,取值为 0~31;using 专门用来选择 8051 单片机中不同的工作寄存器组,其后面的 n 所选的寄存器组,取值为 0~3,分别选中 4 个不同的工作寄存器。

定义中断函数时,using 是一个选项,可以省略不写。如果不用 using 选项,则由编译器选择一个寄存器组作为绝对寄存器组。

例如中断函数:

```
unsigned int interruptcnt;              //定义无符号整型变量
unsigned char second;                   //定义无符号字符型变量
void time0(void) interrupt 1 using 2    //定义中断函数
{   if(++interruptcnt==4000)
      {second++;
      Interruptcnt=0;
      }
}
void main()
{}
```

编写中断函数时应注意 interrupt 和 using 不能用于外部函数。

中断函数不能进行参数传递,也没有返回值。因此建议在定义中断函数时将其定义为 void 类型,以明确说明它没有返回值。

在任何情况下都不能直接调用中断函数,否则会发生编译错误。

如果在中断函数中调用了其他函数,则被调用函数所使用的寄存器组必须与中断函数相同,否则会出错。

3.5　C51 语言的编译预处理命令

之前已经提过以"#"开头的预处理命令,在源程序中这些命令都放在函数之外,并且一般都放在源文件的前面。在编译系统对程序进行通常的编译之前,先对程序的这些特殊的命令进行预处理,然后将预处理的结果和源程序一起再进行通常的编译处理,以得到目标代码。C51 预处理命令包括文件包含命令、宏定义指令、条件编译指令。

3.5.1　宏定义

宏定义命令为#define,其作用是用一个标识符来表示一个字符串,称为宏。被定义为宏的标识符称为宏名,宏名一般用大写字母表示,被定义的字符串可以是常数、表达式或其他任何字符串。当程序中任何地方出现宏名时,编译器都将用所代表的字符串来替换。当需要改变宏时,只需修改宏定义处。使用宏定义指令可以减少程序中字符串输入的工作量,还可提高程序的可移植性。宏定义可以带参数也可以无参数。宏定义的一般格式为

```
#define 宏名[(形参)]　字符串
```

例如:

```
#define PI 3.14         //定义 PI 代表 3.14
#define TRUE 1          //定义 TRUE 代表 1
#define S(a,b) (a*b)    /* 定义矩形面积 S,a、b 是边长,程序中用了 S(2,4),2,4 分别代替了
                        宏定义中的 a,b,即用 2* 4 代替了 S(2,4),area=S(2,4);因此赋值
                        语句结果为: area=2* 4 */
```

3.5.2　文件包含

文件包含处理是指一个源文件可以将另外的文件包含到本文件中,文件包含命令行的一般形式为

```
#include<文件名>或#include"文件名"
```

例如:

```
#include<reg51.h>
#include<stdio.h>
```

文件包含命令的功能是把指定的文件插入该命令行位置取代该命令行,从而把指定的文件和当前的源程序文件连成一个源文件。在较大规模的程序设计时,文件包含命令是十分有用的,可以将组成程序的各个功能模块函数分散到多个程序文件中,由多个程序员分别编程,最后再由♯include 命令嵌入一个总的程序文件中。

对文件包含命令还需注意,一个 include 命令只能指定一个被包含文件,若有多个文件要包含则需要多个 include 命令。

采用<文件名>格式时表示在包含文件目录中查找指定文件,采用"文件名"格式时,表示首先在当前的源文件目录中查找指定文件。

文件包含允许嵌套,即在一个被包含文件中又可以包含另一个文件。

3.5.3　条件编译

一般情况下,源程序的所有行都要参加编译,但有时希望对其中一部分内容只在满足一定条件下才进行编译,即按不同的条件去编译不同的程序部分,因而产生不同的目标代码,这就是条件编译。条件编译的格式如下。
格式 1:

```
#if 表达式   代码 1;
#else   代码 2;
#endif
```

如果表达式成立,则代码 1 参加编译,否则代码 2 参加编译,直至♯endif 结束编译。
格式 2:

```
#ifdef   标识符
    代码 1;
#else
```

```
    代码 2；
#endif
```

如果标识符已经被#define定义过,则代码1参加编译,否则代码2参加编译。

格式3：

```
#ifndef 标识符
    代码 1；
#else
    代码 2；
#endif
```

与#ifdef相反,如果标识符没有被#define定义过,则代码1参加编译,否则代码2参加编译。

以上3种基本格式中的#else分支又可带自己的编译选项,#else也可以没有或多于两个。

3.5.4 数据类型的重新定义

C51语言中可以根据需要重新命名一个给定的数据类型。数据类型重新定义的格式如下：

```
typedef 已有的数据类型名 新的数据类型名
```

其中,已有的数据类型是指C51语言中所有的数据类型,包括结构体、指针和数组等,新的数据类型名是按用户自己的习惯或需要决定的。关键字typedef作用是将C51语言中已有的数据类型作置换。例如：

```
typedef int Count;          //用 Count 作为新的整型数据类型名
Count i,j;                  //用 Count 定义变量 i,j,相当于 int i,j;
typedef Struct{
    int month;
    int day;
    int year;}Date;
    Date birthday;   //声明新的类型名 Date,代表结构体,然后用新的类型名 Date 去定义变量
```

注意：typedef只是对已有的数据类型作了一个名字上的置换,并没有创造出一个新的数据类型,采用typedef重新定义数据类型可使代码的可读性增强,同时可以简化较长的数据类型定义。

3.6 C51 程序设计举例

3.6.1 函数的熟悉和使用

【例3-1】 认识单片机的工作频率。用单片机控制一个灯闪烁,且让它以亮200ms、灭800ms的方式闪烁。

```
#include<reg51.h>
#define uint unsigned int          //宏定义
sbit led1=P1^0;                     //声明单片机 P1 口的第一位
void delay(unit);                   //函数声明
void main(void)                     //主函数
{
    while(1)                        //无限循环
    {
        led1=0;                     //点亮发光二极管
        delay(200);                 //延迟 200ms
        led1=1;                     //关闭发光二极管
        delay(800);                 //延迟 800ms
    }
}
void delay(uint x)                  //函数定义,延迟一段时间
{
unsigned int i,j;
for(i=x;i>0;i--);                   //i=x,即延迟 x 毫秒
    for(j=100;j>0;j--);
}
```

上述程序中 delay 后面的括号中多了 unit x,这是这个函数所带的一个参数,x 是一个 unsigned int 型变量,也是这个函数的形参,调用函数时用一个具体真实的数据代替此形参,这个真实的数据被称为实参,形参被实参代替后,在子函数内部所有和形参名相同的形参就都被实参代替。例如,调用一个延迟 200ms 的函数可写成

```
delay(200);
```

运行该程序可以看到小灯先亮 200ms,再灭 800ms,一直闪烁。

【例 3-2】 利用 C51 库函数实现流水灯。实现流水灯的方法有很多,可以用逻辑运算来实现,也可以用 C51 库自带的函数来实现,下面调用现成的库函数_cror_来实现流水灯。C51 函数库中对函数_cror_的介绍如图 3-1 所示。

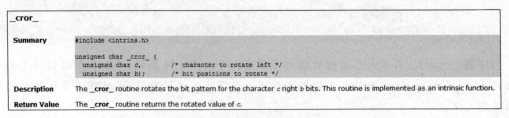

图 3-1 C51 函数库中对函数_cror_的介绍

这个函数包含在 intrins.h 头文件中,也就是说,如果程序中要用到这个函数,必须在程序开头包含 instrins.h 这个头文件。再看函数的特性"unsigned char _cror_(unsigned char c,unsigned char b);",括号内有两个形参 unsigned char c 和 unsigned char b,这个函数叫作有返回值、带参数的函数。_cror_是函数名。再看函数的功能,图 3-1 中 Description(描述)部分的意思是:本函数将字符 c 循环左移 b 位。Return Value(返回值)部分的意思是:

本函数返回的是将 c 循环左移之后的值。

利用 C51 自带的库函数_cror_(),以间隔 500ms,实现流水灯的程序如下:

```
#include<reg51.h>              //头文件
#include<intrins.h>            //包含函数_cror_的头文件
#define uint unsigned int      //宏定义
#define uchar unsigned char
void delay(uint);              //声明子函数
uchar a;                       //定义一个变量,用来给 P1 口赋值
void main()                    //主函数
{
    a=0xFE;                    //赋初值 11111110
    while(1)                   //无限循环
    {
        P1=a;                  //点亮第一个发光二极管
        delay(500);            //延迟 500ms
        a=_cror_(a,1);         //将 a 循环左移一位后再赋给 a
    }
}
void delay(unit x)             //函数定义,延迟一段时间
{
    unsigned int i,j;
    for(i=x;i>0;i--);          //i=x,即延迟 x 毫秒
        for(j=100;j>0;j--);
}
```

例中的

```
a=_cror_(a,1);
```

因为_cror_是一个带返回值的函数,所以本句执行时先执行等号右边的表达式,即将 a 变量循环左移一位,然后将结果再重新赋给 a 变量。如 a 初值为 0xFE,二进制为 11111110,执行此函数时,将它循环左移一位后为 11111101,即 0xFD,然后将 0xFD 重新赋给 a 变量。等while(1)中的最后一条语句执行完后,将返回到 while(1)中的第一句重新执行,此时,a 的值变成了 0xFD。

除了此种方法实现流水灯外,利用左移、右移指令和逻辑控制指令也可以实现循环移位。循环点亮 P1 口对应的 8 个 LED 灯,实现循环流水点亮的效果如下:

```
#include<reg 51.h>
#define uint unsigned int      //宏定义
void delay(unit);              //函数声明
void main()                    //主函数
{
    P1=0xFE;
    while(1)
    {
        delay(500);
```

```
        P1<<=1;              //左移一位,该语句等效于 P1=P1<<1
        P1|=0x01;            //最后一位补 1,该语句等效于 P1=P1|0x01,符号"|"表示"或"
        if(P1==0x7F)         //检测是否移到最左端
        {
            delay(500);
            P1=0xFE;         //重新赋值
        }
    }
}
void delay(unit x)          //函数定义,延迟一段时间
{
    unsigned int i,j;
    for(i=x;i>0;i--);       //i=x,即延迟 x 毫秒
        for(j=100;j>0;j--);
}
```

3.6.2　荧光数码管的原理与编程

荧光数码管具有显示亮度高、响应速度快的特点。最常用的七段荧光数码管内部电路如图 3-2 所示,一个数码管有 10 个引脚,当显示数字 8 时,需要 7 个小段,另外显示一个小数点用 1 个,所以它一共有 8 个发光二极管以及一个公共端。这种显示器分为共阴极和共阳极两种:共阳极荧光数码管的发光二极管的所有阳极连接在一起作为公共端,如图 3-2(a)所示;共阴极荧光数码管的发光二极管的所有阴极连接在一起作为公共端,如图 3-2(b)所示。

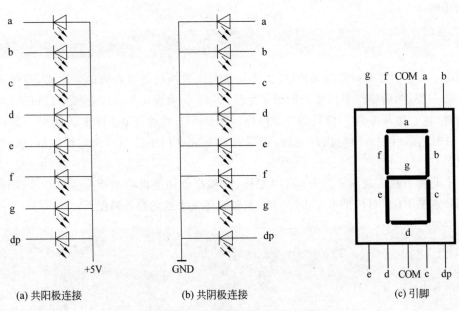

(a) 共阳极连接　　　　　(b) 共阴极连接　　　　　(c) 引脚

图 3-2　单个数码管的连接及引脚

单个数码管的引脚配置如图 3-2(c)所示,其中 COM 为公共端。

荧光数码管的 a～g 这 7 个发光二极管加正电压点亮,加 0V 电压熄灭,不同亮暗的组

合能组成不同的字形,这种组合称为段码。0~F 段码如表 3-6 所示。

表 3-6　0~F 段码

字　符	共阴极段码	共阳极段码	字　符	共阴极段码	共阳极段码
0	3FH	C0H	8	7FH	80H
1	06H	F9H	9	6FH	90H
2	5BH	A4H	A	77H	88H
3	4FH	B0H	B	7CH	83H
4	66H	99H	C	39H	C6H
5	6DH	92H	D	5EH	A1H
6	7DH	82H	E	79H	86H
7	07H	F8H	F	71H	84H

在用 C 语言编程时,编码定义方式如下:

```
unsigned char code table[]={0x3f,0x06,0x5b,0x4f,0x66,0x6d,0x7d,0x07};
```

编码定义方式与 C 语言数组的定义方式类似,不同在于数组类型后面多一个 code 关键字,code 表示编码的意思。上面 unsigned 是数组类型,即数组中元素变量的类型,table 是数组名。调用数组方法如下:

```
P0=table[3];
```

即将 table 这个数组中的第 4 个元素直接赋给 P0 口,即

```
P0=0x66;
```

【例 3-3】　用荧光数码管循环显示数字 0~9。

```
#include<reg51.h>
void delay(void)          //定义延迟函数,延迟一段时间
{
    unsigned char i,j;
    for(i=0;i<250;i++)
        for(j=0;j<250;j++);
}
void main()          //主函数
{
    unsigned char i;
     unsigned char code table[]={0xc0,0xf9,0xa4,0xb0,0x99,0x92,0x82,0xf8,
    0x80,0x90};          //荧光数码管显示 0~9 的段码表
    P2=0xfe;          //P2.0引脚输出低电平,荧光数码管接通电源工作
    while(1)          //无限循环
```

```
    {
        for(i=0;i<10;i++)
        {
            P0=table[i];        //让 P0 口输出数字的段码 92H
            delay();            //调用延迟函数
        }
    }
}
```

　　常将字模按显示数值大小顺序存入一个数组中使荧光数码管显示字模（段码）与显示数值对应,使用时只需将待显示值作为该数组的下标变量即可取得相应的字模。顺序提取 0～9 的字模并送 P0 口输出,即可实现循环显示数字 0～9。

　　荧光数码管与单片机的接口方式有静态显示接口和动态显示接口之分,静态显示接口是一个并行口接一个荧光数码管,例如例 3-3 就是采用静态显示接口。而动态显示接口是将所有荧光数码管的段码线对应并联起来接到一个 8 位并行口上。动态显示过程采用循环导通或循环截止各位显示器的做法。当循环显示时间间隔较小时,由于人眼的暂留特性,将看不出数码管的闪烁现象,使人感觉好像各个数码管在同时显示。

　　【例 3-4】　用荧光数码管慢速动态显示数字"1234"。

```
#include<reg51.h>
void delay(void)                //定义延迟函数,延迟一段时间
{
    unsigned char i,j;
    for(i=0;i<250;i++)
        for(j=0;j<250;j++);
}
void main()                     //主函数
{
    while(1)                    //无限循环
    {
        P2=0xfe;                //P2.0引脚输出低电平,荧光数码管准备点亮
        P0=0xf9;                //数字 1 的段码
        delay();                //调用延迟函数
        P2=0xfd;                //P2.1引脚输出低电平,荧光数码管准备点亮
        P0=0xa4;                //数字 2 的段码
        delay();
        P2=0xfb;                //P2.2引脚输出低电平,荧光数码管准备点亮
        P0=0xb0;                //数字 3 的段码
        delay();
        P2=0xf7;                //P2.3引脚输出低电平,荧光数码管准备点亮
        P0=0x99;                //数字 4 的段码
        delay();
        P2=0xff;                //荧光数码管熄灭
    }
}
```

　　编译代码运行程序后,上述代码实现了题目要求,慢速地动态显示数字"1234"。若将荧

光数码管点亮时间缩短到 100ms,可见荧光数码管变换显示的速度快多了。若再缩短到 10ms 左右,运行程序,此时已经可以隐约看见数码管同时显示数字 1234 字样了。

3.6.3 键盘检测原理及实现

单片机系统所用的键盘可分为独立键盘和行列式(又称矩阵式)键盘。其中独立式键盘是每个键单独接在一根 I/O 口线上,其特点是电路简单、易于编程,但占用的 I/O 口线较多。而行列式键盘将 I/O 口分为行线和列线,按键设置在跨接行线和列线的交点上,列线通过上拉电阻接正电源。行列式键盘特点是用的 I/O 口线较少,但软件部分较复杂。

单片机检测按键的原理是,单片机的 I/O 口既可作为输出也可作为输入使用。当检测按键时用的是输入功能,可把按键的一端接地,另一端与单片机的某个 I/O 口相连。开始时先给 I/O 口赋一高电平,然后让单片机不断检测该 I/O 是否变为低电平。当按键闭合时,即相当于该 I/O 口通过按键与地相连,变为低电平,程序检测到 I/O 口变为低电平说明按键被按下,然后执行相应的指令。

按键的连接方法十分简单,如图 3-3 所示,右侧 I/O 端与单片机的任意一个 I/O 口相连。按键被按下时,其触点的电压变化如图 3-4 所示。

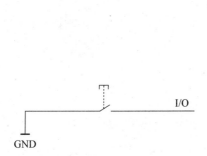

图 3-3　按键与单片机连接图

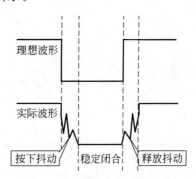

图 3-4　按键被按下时电压的变化

如图 3-3 所示,理想波形与实际波形之间是有区别的,实际波形在按钮被按下和释放的瞬间都有抖动现象,抖动的时间长短和按键的机械特性有关,因此单片机在检测键盘是否被按下时都要加上去抖动操作,通常可用软件延迟的方法解决抖动问题。而在编写单片机的键盘检测程序时,一般在检测按下时加入去抖动延迟,检测松手时就不用加了。

下面是一个讲解独立键盘的具体实例。

【例 3-5】　独立按键,通过按键在荧光数码管显示相应的数字。

```
#include<reg51.h>
#define uint unsigned int
sbit key1=P3^0;        //定义按键位置
sbit key2=P3^1;
sbit key3=P3^2;
sbit key4=P3^3;
void delay(uint x);   //声明延迟函数
void main()            //主函数
{
    P0=0x3f;
```

```
        P2=0x00;
        while(1)
        {
            if(!key1)                   //按下相应按键,荧光数码管显示相应码值
            {
                delay(1000);            //去抖动
                if(!key1)               //检测按键确实被按下,进行按键处理
                {
                    P0=0x06;            //荧光数码管显示"1"
                }
            }
            if(!key2)                   //按下相应按键,荧光数码管显示相应码值
            {
                delay(1000);
                if(!key2)
                {
                    P0=0x5B;            //荧光数码管显示"2"
                }
            }
            if(!key3)                   //按下相应按键,荧光数码管显示相应码值
            {
                delay(1000);
                if(!key3)
                {
                    P0=0x4F;            //荧光数码管显示"3"
                }
            }
            if(!key4)                   //按下相应按键,荧光数码管显示相应码值
            {
                delay(1000);
                if(!key4)
                {
                    P0=0x66;            //荧光数码管显示"4"
                }
            }
        }
}
void delay(unit x)                      //函数定义,延迟一段时间
{
    unsigned int i,j;
    for(i=x;i>0;i--);                   //i=x,即延迟 x 毫秒
        for(j=100;j>0;j--);
}
```

　　无论是独立键盘还是行列式键盘,单片机检测按键是否被按下的依据都是一样的,即检测该键对应的 I/O 口是否为低电平。独立键盘一端固定为低电平,程序检测时比较方便。而行列式键盘两端都与单片机 I/O 口相连,因此在检测时需要人为通过单片机 I/O 口送出低电平。以 4×4 矩阵按键为例,将所有行线置低电平,然后检测列线的状态。只要有一列的电平为低,就表示键盘中有键被按下,而且闭合的键位于低电平与 4 根行线相交叉的 4 个

· 64 ·

按键之中。若所有列线均为高电平,则键盘中无键被按下。

下面是一个行列式键盘的具体实例。

【例3-6】 以 4×4 矩阵按键为例,检测行列式键盘按键状态。

```c
#include<reg51.h>
#define uchar unsigned char //宏定义
#define uint unsigned int
void delay(uint x);             //延迟函数声明
uchar keyScan(void);            //键盘扫描函数声明
void main(void)                 //主函数
{
    uchar keyValue;             //存放键值,第一行的第一个为1,第二行的第一个为5,依次排列
    While(1)                    //无限循环
    {
        P1=0xf0;
        if(P1!=0xf0)            //判断是否有键被按下
        {
            delay(20);          //消除键抖动
            if(P1!=0xf0)        //判断是否有键被按下
            {
                keyValue=keyScan();     //逐行扫描,判断哪个键按下
            }
        }
    }
}
uchar keyScan(void)             //键盘扫描函数定义
{
    uchar temp,i,j,lineSelect[4]={0xef,0xdf,0xbf,0x7f};
    for(j=0;j<4;j++)            //循环 4 次,用于 4 个行线依次拉低
    {
        P1=lineSelect[j];       //每根行线依次拉低
        temp=1;
        for(i=0;i<4;i++)        //循环 4 次,判断哪列有键按下
        {
            if(!(P1&temp))      //判断此处是否有键按下
            return (i+j* 4);    //返回键值,行* 4+列,行和列的交叉处
            temp<<=1;           //将目标移为下一列
        }
    }
}
void delay(unit x)             //函数定义,延迟一段时间
{
    unsigned int i,j;
    for(i=x;i>0;i--);          //i=x,即延迟 x 毫秒
        for(j=100;j>0;j--);
}
```

判断闭合键所在的位置:在确认有键被按下后,即可进入确定具体闭合键的过程。其方法是:依次将行线置为低电平,在置某根行线为低电平时,其他线为高电平。在确定某根

行线位置为低电平后,再逐行检测各列线的电平状态。若某列为低,则该列线与置为低电平的行线的交叉处的按键就是闭合的按键。

习　题　3

1. C51 语言与 ANSI C 语言主要有哪些区别?

2. C51 的存储类型有(　　)、(　　)、(　　)、(　　)、(　　)、(　　),C51 的存储模式有(　　)、(　　)和(　　)。

3. C51 中断函数与一般函数有什么不同?

4. 定义特殊寄存器中的位变量使用 C51 中的(　　)数据类型。

　　A. int　　　　　　B. char　　　　　　C. s bit　　　　　　D. sfr

5. C51 中一般指针变量占(　　)存储空间。

　　A. 1B　　　　　　B. 2B　　　　　　C. 3B　　　　　　D. 4B

6. 设有 int a[]＝{10,11,12}, * p＝&a[0];则执行完 * p++; * p+＝1;后 a[0],a[1],a[2]的值依次是(　　)。

　　A. 10,11,12　　　　B. 11,12,12　　　　C. 10,12,12　　　　D. 11,11,12

7. 判断下列关系表达式或逻辑表达式的运算结果(1 或 0)。

　　(1) 10==9+1;　　(2) 0&&0;　　　　(3) 10&&8;　　　　(4) 8||0;

　　(5) !(3+4);　　　(6) x=10;y=9;x>=88&y<=x;

8. 编程将 8051 的内部数据存储器 20H 单元和 35H 单元的数据相乘,结果存到外部数据存储器中(任意位置)。

9. 8051 的片内存储器 25H 单元中存放有一个 0~10 的整数,编程求其平方根(精确到 5 位有效数字),将平方根放到 30H 单元为首址的内存中。

10. 行列式键盘编程:有 4×4 行列式键盘和一个共阴极荧光数码管,要求开机后荧光数码管暂为黑屏状态,按下任意键后,显示该键的键值字符(0~F)。若没有新键被按下,则维持前次按键结果。

第 4 章　Proteus 虚拟仿真平台

本章重点
- Proteus 软件平台的基本介绍。
- Proteus ISIS 电路原理图的设计。
- Proteus 软件中的 C51 程序运行与调试。

学习目标
- 了解 Proteus 软件平台。
- 掌握 Proteus ISIS 电路原理图的设计方法。
- 能利用 Proteus 设计硬件原理图,并利用软件 C51 程序进行功能实现。

Proteus 软件是由英国 Labcenter Electronics 公司于 1989 年开发的 EDA 工具软件,在全球得到了广泛应用。Proteus 软件功能强大,它集电路设计、制版及仿真等多种功能于一身,这也是 Proteus 与其他电路仿真软件最大的不同。同时 Proteus 也是目前唯一能对多种微处理器进行实时仿真、调试与测试的 EDA 工具,大大提高了企业的产品开发效率,降低了开发风险,是近年来备受电子设计爱好者青睐的一款新型电子线路设计与仿真软件。

4.1　Proteus ISIS 的电路原理图设计

Proteus 包含 ISIS(Intelligent Schematic Input System)和 ARES(Advanced Routing and Editing Software)应用软件,其中 ISIS 是智能原理图输入与系统仿真设计平台,ARES 则是高级 PCB 布线编辑软件。本书主要对 ISIS 的使用进行说明。

4.1.1　ISIS 的工作界面及编辑环境设置

本书所使用的版本为 ISIS 7 Professional,在相关网站上下载并安装好后,可通过单击"程序"或桌面的 图标打开。图 4-1 即为 ISIS 7 Professional 的运行界面。接下来进入

图 4-1　Proteus 的运行界面

ISIS窗口,如图 4-2 所示,整个 ISIS 界面分为菜单栏、工具栏、预览窗口、对象选择器、工具箱、编辑窗口、方向工具栏、仿真按钮等部分。

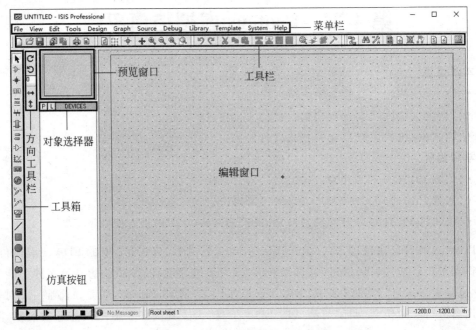

图 4-2　ISIS 7 Professional 的窗口

在对 ISIS 7 Professional 界面有了一个初步认识后,需要对模板、图纸、图纸的设置和格点的设置等编辑环境进行相关设置。绘制电路图首先应选择模板,因为模板控制了电路图中图形格式、文本格式、设计颜色、线条连接点的大小和图形等外观信息。接下来需要设计图纸,其中包括纸张的型号和标注字体等。

1. 新建设计文件并选择模板

在 ISIS 界面中选中 File│New Design 菜单项,即可新建一个设计文件,并在弹出的如图 4-3 所示的界面中选择合适的模板。

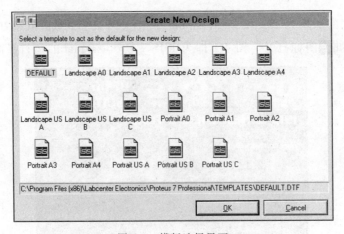

图 4-3　模板选择界面

2. 编辑设计默认选项

在 ISIS 界面中选中 Template|Set Design Defaults 菜单项,在弹出的窗口中编辑默认选项,如图 4-4 所示。在该窗口中可对图纸颜色、格点颜色、正/负/地颜色及编辑环境的默认字体进行设置。

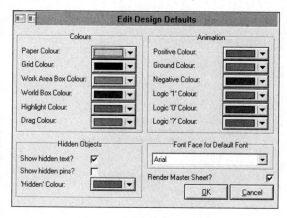

图 4-4　编辑默认选项界面

3. 图形颜色设置

在 ISIS 界面中选中 Template|Set Graph Colours 菜单项,在弹出的窗口中可对图形轮廓、底色等进行设置,如图 4-5 所示。

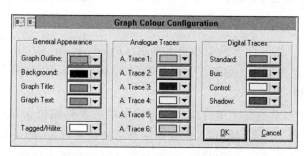

图 4-5　图形颜色设置

此外,还可以在 Temple 菜单中选择其他菜单项进行全局文本风格、全局字体风格、图形字体格式等设置,在此不再赘述。

4.1.2　ISIS 中元器件的使用

1. 元器件的选择

ISIS 中元器件的选择就是将元件从元件库中拾取到对象选择器中,在绘制电路图时可直接从对象选择器中选择使用。在对象选择器中单击图标 P,进入元器件选择窗口,如图 4-6 所示。元器件的选择有两种方法。

(1) 分类查找。在 Category 栏中选择所寻找元器件所属的类别,在 Sub-category 栏中选择子类,如果有需要还可以在 Manufacturer 中选择生产厂家,在 Results 中选中需要的元器件并双击,即可拾取到对象选择器中。

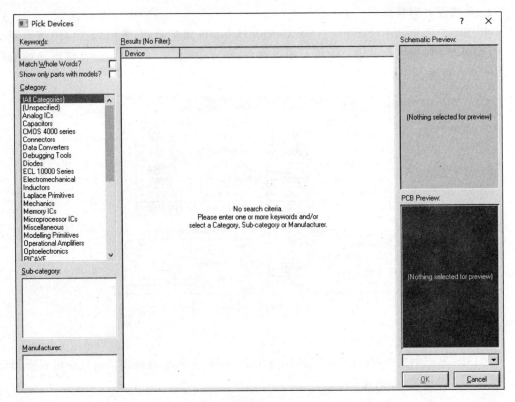

图 4-6　元器件选择窗口

（2）关键字查找。将元件名的全称录入到 Keywords 后，在 Results 显示的搜索结果中选择合适的元器件，双击操作便可将元器件拾取到对象选择器中，如图 4-7 所示。

2. 元器件的放置

元器件的放置过程就是将元器件从对象选择器中放置到编辑窗口的相应位置，在对象选择器中选中准备放入的元器件，在编辑窗口中合适的位置单击，即可出现元器件放置的预览，位置合适时再次单击即可放置成功。如果元器件的方向需要调整，可在放置进编辑窗口中之前通过方向工具栏中的按钮进行旋转及翻转。

电源、地等终端的选择可在工具箱中的图标 中选择，如图 4-8 所示，放置方法与元器件的放置方法相同。终端放置完成后可以单击工具箱中的图标 回到组件模式。

图 4-7　对象选择器中的元器件

图 4-8　终端选择器

3. 元器件位置的调整及参数修改

在编辑窗口中单击已放入的元器件，该元器件即被选中并显示为红色，按住鼠标左键并进行拖曳，就可调整元器件位置。双击右键即可将该元器件从编辑窗口中删除。若双击元器件,则弹出如图 4-9 所示的窗口,在其中可对相关参数进行修改(以 RES 为例)。

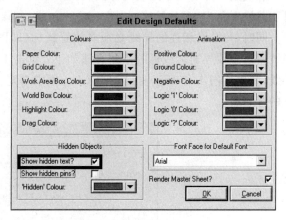

图 4-9　元器件参数窗口

在放置的元器件旁边可以看到如图 4-10 中所示的"<TEXT>"。

有时为了美观可以将该文本隐藏,具体方法是选中 Template|Set Design Defaults 菜单项,在弹出的窗口中,取消选中 Show hidden text,如图 4-11 所示。

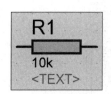

图 4-10　在编辑窗口中添加"<TEXT>"　　　　　　图 4-11　取消 TEXT

4.1.3　电路连线设计

1. 元器件间的导线绘制

在工具栏中的图标➡和主工具栏中的自动布线器图标🔁都选中的情况下为自动布线模式,在需要连线的两个元器件端点先后单击左键即可在两个端口间布线,布线路径自动设置,如果需要自己决定布线走向,单击拐点处的格点即可,但是在该模式下只能绘制直角拐点。双击鼠标右键即可取消布线。当自动布线器未选中时为自定义绘制连线,该模式下可以绘制非直角拐点,只需在拐点处的格点依次单击即可。

2. 总线的绘制

总线代表的是一组导线,在电路图中与单根导线的区别是总线是一根粗线,如图 4-12

所示。

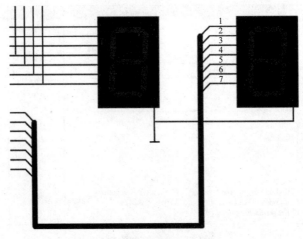

图 4-12　原理图中显示的总线

总线的绘制需要先选中工具箱中的图标▦,通过单击格点即可绘制总线起始端点,中间拐点的绘制方法与单线相同。

总线绘制好后开始绘制与总线相连的单线,一般与总线相连的单线都绘制成互相平行且于总线夹角为 45°的导线,如图 4-12 中单线与总线的交汇处。

同时,与总线相连的导线必须要放置线标(即图 4-12 中导线上方的数字),相同线标的导线通过总线导通。线标的绘制方法如下:单击工具箱中的图标▦,单击想要放置线标的导线,弹出如图 4-13 所示窗口,在 String 栏中自定义线标名称或在下拉选项中选择系统默认的标签名。

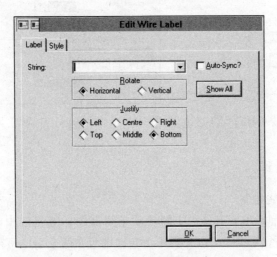

图 4-13　添加线标界面

4.1.4　头块设置与电气检查

头块中包含了项目的相关信息。设置头块的方法是,首先单击工具箱中的图标▣,在对

象选择器中单击 $\boxed{P}$，弹出的 Pick Symbols 界面如图 4-14 所示，在该界面的 Libraries 框中选中 SYSTEM，然后在 Objects 框中选中 HEADER 并双击。

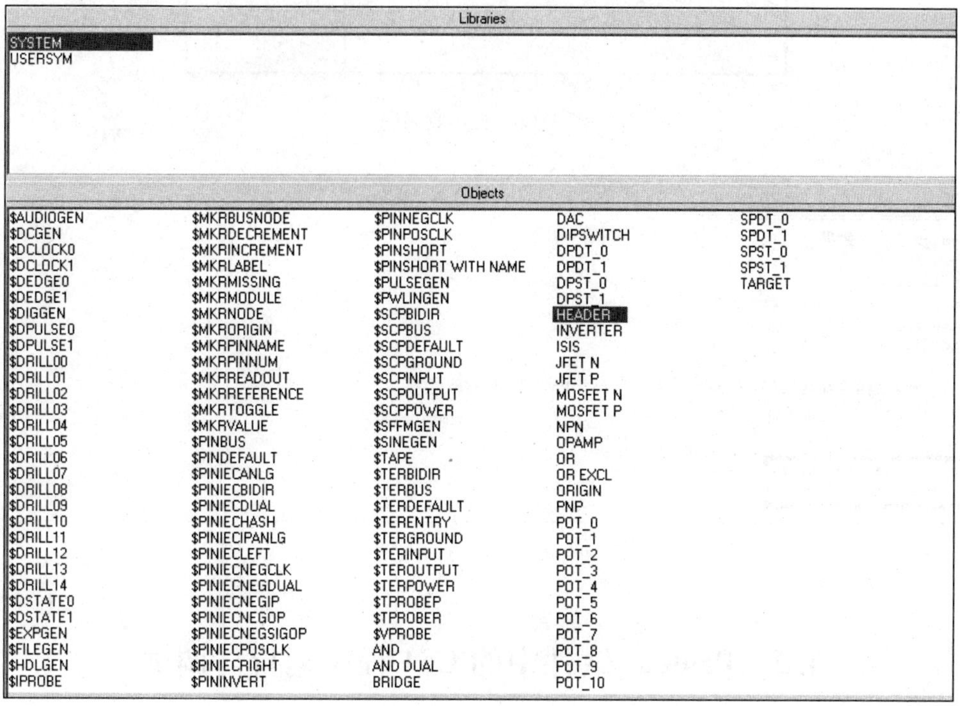

图 4-14　选择头块模板

头块中日期和图样页数自动填写，其他信息可通过选中 Design|Edit Design Properties 菜单项打开如图 4-15 所示的对话框进行设置。头块信息设置好后就可以进行放置了。效果如图 4-16 所示。

图 4-15　头块信息

电路设计完成后要对电路原理图进行电气检查。单击主工具栏中的电气检查按钮 $\boxed{\textrm{☑}}$，在弹出的检查报告中显示，该电路原理图没有错误，如图 4-17 所示。

图 4-16　头块效果图

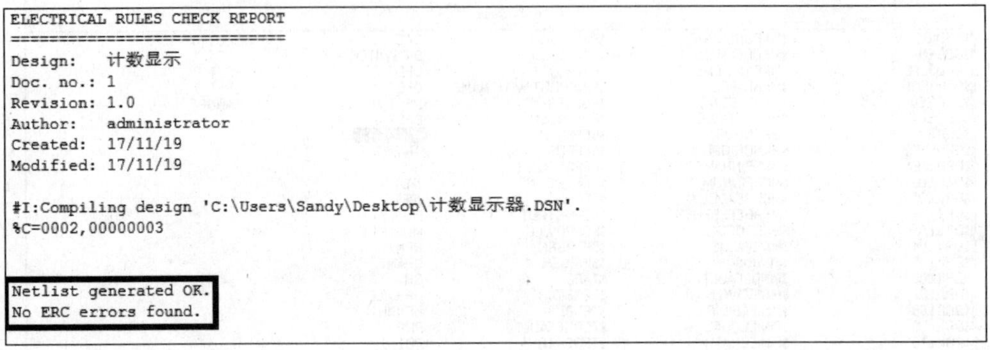

```
ELECTRICAL RULES CHECK REPORT
=============================
Design:    计数显示
Doc. no.:  1
Revision: 1.0
Author:    administrator
Created:   17/11/19
Modified:  17/11/19

#I:Compiling design 'C:\Users\Sandy\Desktop\计数显示器.DSN'.
%C=0002,00000003


Netlist generated OK.
No ERC errors found.
```

图 4-17　电气检查结果

4.2　Proteus 软件中的 C51 程序运行与调试

通过 ISIS 绘制的电路原理图必须要配合单片机的 C51 程序才能进行仿真调试,调试方法分为离线调试和联机调试两种。在介绍调试方法前,需要先简单了解一下开发单片机应用程序所使用的软件 Keil μVision 4。

4.2.1　Keil μVision 4 的使用

1. 采用 Keil μVision 4 对 8051 CPU 进行程序开发的步骤

(1) 在 μVision 4 集成开发环境中新建一个项目,并为该项目选定合适的单片机 CPU 器件。

(2) 利用 μVision 4 的文件编辑器编写 C 语言(或汇编语言)源程序文件,并将文件添加到项目中去。一个项目可以包含多个文件,除源程序文件外还可以有库文件或文本说明文件。

(3) 通过 μVision 4 的各种选项,配置 C51 编译器、Ax 宏汇编器、BL51/Lx51 链接定位器以及 Debug 调试器的功能。

(4) 利用 μVision 4 的创建功能对项目中的源程序文件进行编译链接,生成绝对目标代码和可选的 HEX 文件,如果出现编译链接错误则返回到第(2)步,修改源程序中的错误后重新创建整个项目。

(5) 将没有错误的绝对目标代码装入 μVision 4 调试器进行仿真调试,调试成功后将 HEX 文件写入到单片机应用系统的 EPROM 中。

2. 具体使用细节

（1）新建一个项目。在进入 μVision 4 操作界面后，选择 Project|New μVision Project 菜单项，弹出如图 4-18 所示界面。输入文件名并选择保存路径后，单击"保存"按钮。

图 4-18　项目保存

图 4-19 所示为单片机型号选择界面，例如在 Data base 中选择厂家 Atmel，在其下拉选项中选中 AT89C51。

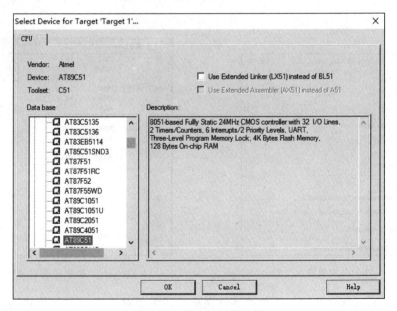

图 4-19　单片机型号选择

在如图 4-20 所示的界面中提示是否将启动代码文件 STARTUP. A51 添加到项目中，

可根据需要选择是或者否。在此特别说明一下,如果需要向 Startup 中添加自定义的代码,则必须选择将该代码加入到项目中,如果没这个需要则不必加入。对于初学者来说可以选择不加入。

图 4-20　启动代码添加

(2) 编写源程序文件并将文件添加到项目中。新建一个项目后,在 μVision 4 操作界面的左侧工程项目窗口中会自动包含一个默认的目标 Target 1,其中还自动包含一个文件组 Source Group 1。接下来需要在该项目中添加源程序文件,该源文件可以是已有的源文件也可以是新建的源文件。

如果已有源文件,则右击 Source Group 1,在弹出的快捷菜单中选中 Add Files to Group'Source Group 1',如图 4-21 所示,在弹出的窗口中选择已有的源文件即可。

如果需要新建一个源文件,则在 Source Group 1 中添加源文件前,在菜单栏中选中 File|New 选项,即可新建一个编辑窗口。建议先将该文件保存,然后再编写源程序。选中 File|Save As 选项即可保存,保存时注意在文件名后添加扩展名。如果使用 C 语言编写则后缀为.c;如果使用汇编语言编写则后缀为.asm,例如"实例.asm"。在该窗口下编辑完源程序后记得再次保存。如图 4-22 所示即为编辑好的源程序文件。编辑好后即可按上述步骤添加至项目中。

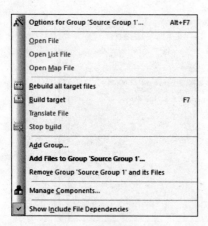

图 4-21　添加源程序文件

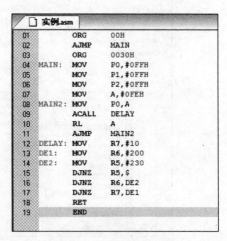

图 4-22　源程序编辑窗口

(3) 配置 Target 选项卡。添加源文件完成后还需要对 Target 进行设置,右击工程项目窗口中的 Target 1,在弹出的菜单栏中选中 Options for Target 'Target 1'选项,弹出如图 4-23 所示界面。在该界面中可以对 Device、Target、Output、Listing、User、C51、A51、BL51 Locate、BL51 Misc、Debug 以及 Utilities 等多个选项卡进行设置,其中的大部分设置可以采用默认值,如果有需要可以更改。

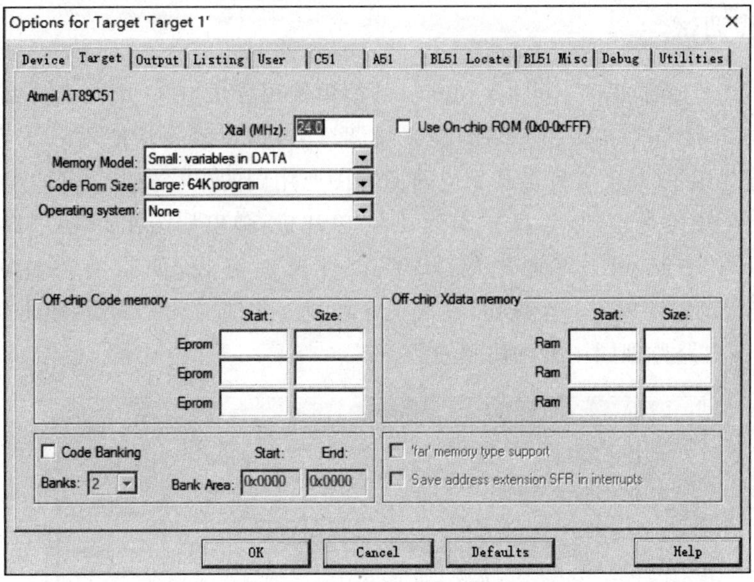

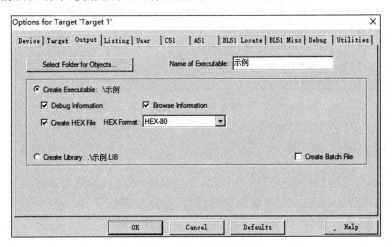

图 4-23　Target 设置

特别注意的是,需要在 Output 选项卡中选中 Create HEX File 复选框,如图 4-24 所示,选中后在当前项目编译链接完成之后将会生成一个 HEX 文件。

图 4-24　Output 选项卡

（4）编译链接。在源文件添加完成后可以进行编译链接。选中 Project | Build Target 菜单选项或单击工具栏中的快捷图标即可,编译完成后会在编辑窗口下方显示该源程序中的错误及警告,经调试将警告和错误消除即可,如图 4-25 所示。

（5）仿真调试。编译完成后,即可进行仿真调试。仿真调试分为离线调试和联机调试两种方法,

```
Build target 'Target 1'
assembling STARTUP.A51...
compiling 流水灯c语言.c...
linking...
Program Size: data=10.0 xdata=0 code=83
creating hex file from "流水灯"...
"流水灯" - 0 Error(s), 0 Warning(s).
```

图 4-25　编译结果

下面对这两种调试方法分别进行介绍。

4.2.2　离线调试

在上一节中已经了解了 Keil μVision 4 的简单使用方法,在一个源文件编译成功后,即可开始进行仿真调试,在本节中介绍的是离线调试方法,也就是将使用 C 语言或汇编语言编译的源程序生成的.hex 文件加载到电路原理图所用到的单片机中。具体步骤如下。

在绘制好的电路原理图中,双击 AT89C51 单片机,弹出如图 4-26 所示界面,在该界面的 Program File 中选择已编译好的 HEX 文件所在路径,如果有需要可以对 Clock Frequency 进行设置。单击 OK 按钮,完成程序加载。文件加载完成后,单击仿真按钮即可进行仿真,并在电路原理图中看到仿真效果。

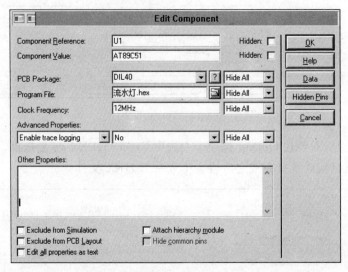

图 4-26　添加文件

4.2.3　联机调试

离线调试只要求有已经编译成功的 HEX 文件即可,联机调试则要求安装 Keil μVision 4,并对 Proteus 和 Keil μVision 4 进行相关的配置,具体步骤如下。

(1) 运行 Proteus 软件,打开已经绘制完成的电路原理图,但不要运行,选择 Proteus|Debug|Use Remote Debug Monitor 菜单项后,Keil μVision 4 与 Proteus 即可进行通信。

(2) 运行 Keil μVision 4 软件,打开与 Proteus 的电路原理图对应的源文件,选中 Project|Options for Target "Target 1"菜单项,弹出如图 4-27 所示的界面,在该界面中选择 Debug 选项卡,在该选项卡界面中选中右侧的 Use 选项,并在其下拉选项中选中 Proteus VSM Simulator 选项。

选好后单击右侧的 Settings 按钮进行设置,弹出如图 4-28 所示的窗口,因为 Proteus 和 Keil μVision 4 安装在同一台计算机上,则 Host 和 Port 栏可以保持默认值不变。到此,Keil μVision 4 和 Proteus 的配置工作就完成了。

配置完成后,后续的仿真调试工作就可以在 Keil μVision 4 中开始了,在 Keil μVision 4

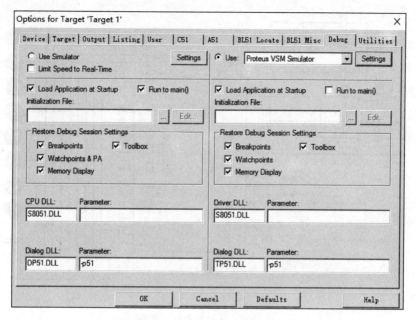

图 4-27　Debug 选项卡

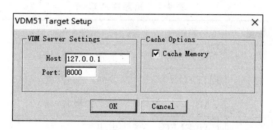

图 4-28　VDM51 Target Setup

中选中 Debug|Start/Stop Debug Session 菜单项(或单击图标⑧),随后就进入了仿真调试状态。在仿真调试状态下,左侧的工程项目窗口会自动转换成 Registers 选项卡,该窗口下显示了 R0~R7 寄存器、累加器、堆栈指针、数据指针、程序计数器以及程序状态字等值,在该仿真调试状态下选择菜单栏中的 Debug|Run 菜单项(或单击图标圁按钮),此时,源程序就开始进入全速运行,打开 ISIS 窗口可以看到发光二极管等依次闪烁。

需要注意的是,联机调试并不是所有情况下都适用,要根据实际情况判断离线调试和联机调试哪一种方式更适合。

【例 4-1】　通过程序控制 8 个发光二极管按要求闪亮。

具体要求:

(1) 正常运行的情况下,8 个发光二极管常亮;

(2) 按下 K1 按钮时,第 1 个和第 8 个发光二极管亮;

(3) 按下按钮 K2 时,8 个发光二极管闪烁,闪烁时间间隔为 1s;

(4) 发光二极管由单片机 P0 口控制。

所需元器件清单如表 4-1 所示,电路原理图如图 4-29 所示。

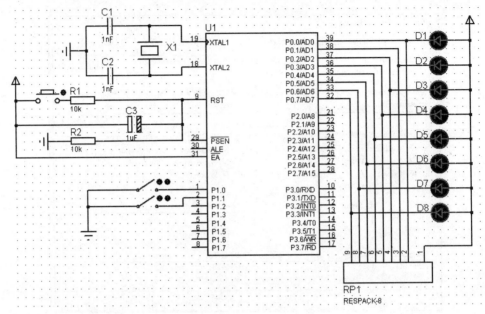

图 4-29　显示的电路原理图

表 4-1　元器件清单

元件名称	数量	关键字	元件名称	数量	关键字
单片机	1	AT89C51	发光二极管（绿）	2	LED-GREEN
按钮	1	BUTTON	发光二极管（红）	2	LED-RED
瓷片电容	2	CAP	发光二极管（黄）	2	LED-YELLOW
电解电容	1	CAP-ELEC	电阻	2	RES
晶振	1	CRYSTAL	电阻排	1	RESPACK-8
发光二极管（蓝）	2	LED-BLUE	开关	2	SWITCH

实验步骤

1. 按器件清单所列在 ISIS 中拾取器件，并按上述电路原理图连接好

（1）连接电路原理图的第一步就是拾取元件，首先打开 Proteus 界面，在对象选择器处单击按钮 P ，如图 4-30 所示。

在弹出界面的 Keywords 栏中输入题目中元器件清单的关键字，如图 4-31 所示。

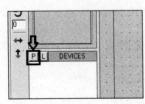

图 4-30　拾取元器件

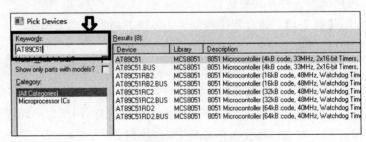

图 4-31　元器件搜索

按 Enter 键后,Results 中就会出现所搜索的元器件,双击该元器件行即可将该元器件加入对象选择器,如图 4-32 所示。

依次将所有元器件拾取完毕后单击该界面右下角的 OK 按钮,即可退出该界面,如图 4-33 所示。

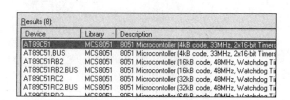

图 4-32　筛选结果

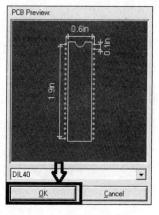

图 4-33　拾取完毕

(2)元器件拾取完毕后开始元器件的放置。在对象选择器中单击准备放置的元器件,并通过方向工具栏调整该元器件的方向,可在预览窗口中显示,如图 4-34 所示。图 4-35 和图 4-36 为调整前后效果图。

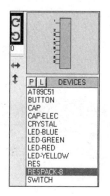

图 4-34　方向工具栏

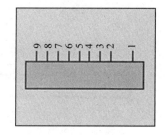

图 4-35　调整前

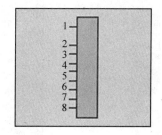

图 4-36　调整后

调整完毕后单击编辑窗口的任意处,就会显示粉色线条的元器件形状,并可跟随光标移动,如图 4-37 所示。

选择合适的位置再次单击即放置成功,如图 4-38 所示。若想删除已放置元器件,在该元器件位置双击右键即可。

(3)依次将所有元器件按图放置完成后即可开始连线。连线时,在自动布线模式下依次单击准备连线的两个端口,即完成一条连线,如图 4-39 和图 4-40 所示。

(4)连线完成后进行部分参数的设置,在这里需要将电容 C_1、C_2 的值改为 22pF,将电阻 R_1、R_2 的值分别改为 100Ω 和 10kΩ,将电解电容的值改为 1μF。修改元器件的参数可以双击该元器件,在弹出的界面中进行修改,以电阻为例,如图 4-41 所示。

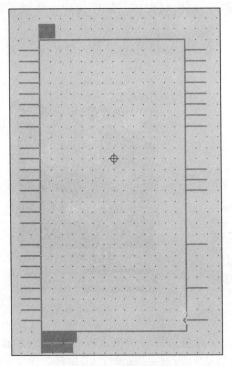

图 4-37　位置预览

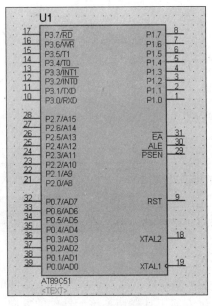

图 4-38　放置完毕

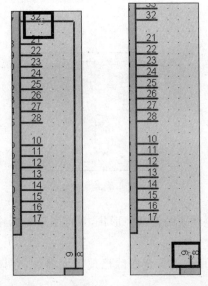

图 4-39　元器件端点　　图 4-40　连线完毕

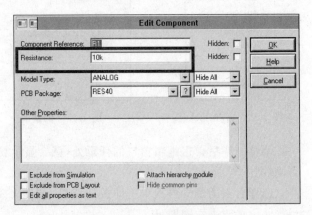

图 4-41　元器件参数设置

（5）最后进行电器检查，单击工具栏中的电器检查按钮即可进行电器检查，检查结果如图 4-42 所示。

2. 将源程序在 Keil μVision 4 中编译好

汇编语言参考程序清单如下：

```
ELECTRICAL RULES CHECK REPORT
===============================
Design:    UNTITLED.DSN
Doc. no.:  <NONE>
Revision:  <NONE>
Author:    <NONE>
Created:   18/02/04
Modified:  18/02/05

#I:Compiling design 'UNTITLED.DSN'.
%C=0002,00000003


Netlist generated OK.
No ERC errors found.
```

图 4-42　电气检查结果

```
        D1      BIT P0.0
        D8      BIT P0.7
        K1      BIT P1.0
        K2      BIT P1.1
        ORG     00H
        AJMP    MAIN
        ORG     0030H
MAIN:   MOV     A,#0FFH
        MOV     P0,A
        MOV     P1,A
KEY:    JB      K1,LOOP1
        MOV     P1,A
        CLR     D1
        CLR     D8
        LCALL   DELAY
        SJMP    NEXT
LOOP1:  JB      K2,LOOP2
        MOV     P0,#00H
        LCALL   DELAY
        LCALL   DELAY
        MOV     P0,#0FFH
        LCALL   DELAY
        LCALL   DELAY
        SJMP    NEXT
LOOP2:  MOV     P0,#00H
NEXT:   AJMP    KEY
DELAY:  MOV     R7,#10
DE1:    MOV     R6,#200
DE2:    MOV     R5,#230
        DJNZ    R5,$
        JNZ     R6,DE2
        DJNZ    R7,DE1
        RET
        END
```

C 语言参考程序清单：

```c
#include "reg51.h"
#define uint unsigned int
#define uchar unsigned char
sbit k1=P1^0;
sbit k2=P1^1;
sbit D1=P0^0;
sbit D2=P0^1;
sbit D3=P0^2;
sbit D4=P0^3;
sbit D5=P0^4;
sbit D6=P0^5;
sbit D7=P0^6;
sbit D8=P0^7;
void delay(void)
{
    uchar i,j,k;
    for(i=10;i>0;i--)
    {for(j=200;j>0;j--);
      {for(k=230;k>0;k--);}
    }
}
void delay1(void)
{
    uchar i,j,k;
    for(i=10;i>0;i--)
    {for(j=200;j>0;j--);
      {for(k=460;k>0;k--);}
    }
}
void main(void)
{
    P0=0xFF;
    P1=0xFF;
    while(1)
    {
        if(k1==0)
        {
            D1=~D1;D2=1;D3=1;D4=1;
            D8=~D8;D5=1;D6=1;D7=1;
            delay();
        }
        else if(k2==0)
        {
            P0=~P0;
            delay1();
        }
        else
        {P0=0x00;}
    }
}
```

(1) 以上 C 语言程序为例,打开 Keil μVision 4 软件,在菜单栏选择 Project | New
μVision Project,如图 4-43 所示。

在输入项目名称并选择项目存储位置后,即可选择该源程序适用的单片机型号,在此选择 Atmel 类别中的 AT89C51,如图 4-44 和图 4-45 所示。

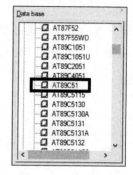

图 4-43 新建工程   图 4-44 选取芯片厂家   图 4-45 选取芯片型号

在随后提示是否将启动代码加入项目时,由于不需要修改 Startup 中的启动代码,所以不需加入,选择"否",如图 4-46 所示。

随后就可以在左侧的工程项目窗口中看到刚刚创建的项目,如图 4-47 所示。

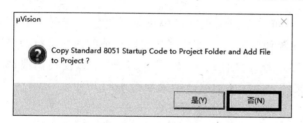

图 4-46 确定是否将启动代码加入项目   图 4-47 创建工程完毕

(2) 调试源程序。选中 File|New 菜单项,如图 4-48 所示,或按 Ctrl+N 组合键,即可创建一个新的编辑窗口 Text1;先将该源文件保存再进行源文件内容的编译,选中 File|Save 菜单项或按 Ctrl+S 组合键进行保存,如图 4-49 所示。

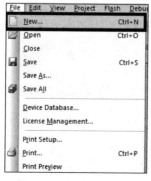

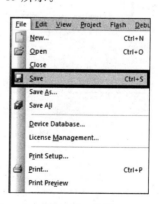

图 4-48 新建编辑窗口   图 4-49 保存

在保存过程中注意命名方式,如图 4-50 所示。

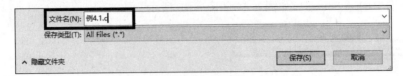

图 4-50　命名方式

保存完成后需要将该文件加入之前建立的项目中,右击 Source Group 1,从弹出的快捷菜单中选中 Add Files to Group 'Source Group 1'选项,如图 4-51 所示。

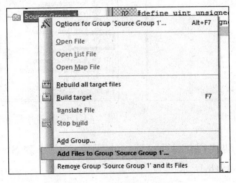

图 4-51　添加源程序文件

将上述源程序代码写入编辑窗口后,可以发现源程序代码中的关键字及标号会有所显示。这就是先进行保存的方便之处。在源程序输入完成后按照前述章节的内容进行编译和调试。注意,在编译前将编译结果输出的 HEX 文件选中,如图 4-52 所示,以便在离线调试时可以直接使用源程序编译的 HEX 文件。此程序的编译结果如图 4-53 所示。

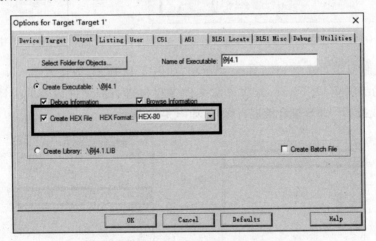

图 4-52　设置输出 HEX 文件

3. 仿真调试

1) 离线调试

在步骤 2 中选中了编译成功后自动生成一个 HEX 文件,所以此时可以在创建项目的

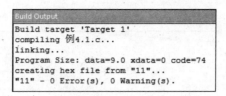

图 4-53　编译结果

位置看到一个 HEX 文件,这个文件就是用来离线调试的文件。打开步骤 1 中连接好的电路原理图,双击 AT89C51 这个器件,在弹出对话框的 Program File 中加入在编译过程中生成的 HEX 文件,如图 4-54 所示。

添加完毕后单击 OK 按钮。接下来就可以通过界面左下角的仿真按钮进行仿真调试。如图 4-55 所示,其中第 1 个按钮为仿真运行,第 2 个为单步调试,第 3 个为暂停,第 4 个为停止。

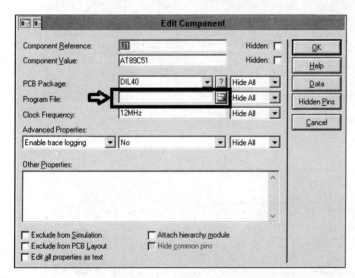

图 4-54　添加 HEX 文件

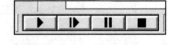

图 4-55　仿真按钮

单击仿真按钮,运行结果如图 4-56 所示,D1~D8 为全亮状态。

闭合第一个开关运行结果如图 4-57 所示,其中 D1 和 D8 为闪烁状态。

打开第一个开关闭合第二个开关,运行结果如图 4-58 所示,其中 D1~D8 为闪烁状态。

此处为了查看清晰,隐藏了元器件的名称及"TEXT"。隐藏元器件名称可以双击该元器件,在弹出的对话框中选中如图 4-59 所示这一项。

要调整标号的位置,单击标号,例如 D1,对标号位置进行设置,如图 4-60 所示。

2) 联机调试

联机调试需要同时运行 Proteus 和 Keil 软件,打开绘制好的电路原理图和编译好的源程序,按前述章节配置好两个软件后,在 Keil μVision 4 中选中 Debug|Start/Stop Debug Session 菜单项(或单击图标🔍),如图 4-61 所示。

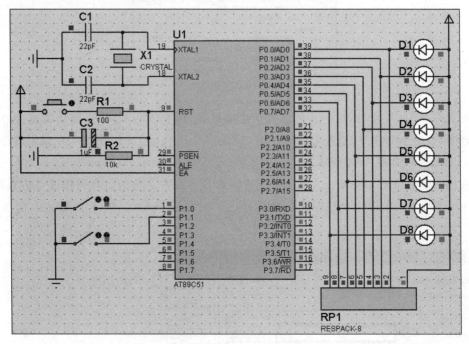

图 4-56 显示的运行结果

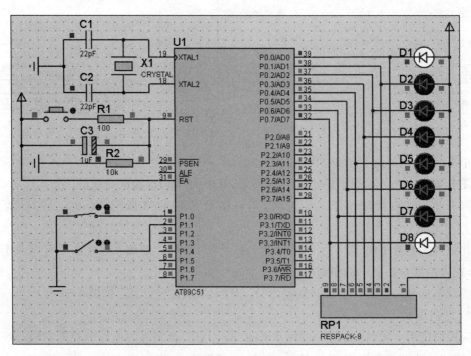

图 4-57 闭合 K1 后显示的结果

C1
22pF
X1
CRYSTAL
C2
22pF
R1
100
C3
1uF
R2
10k
U1
XTAL1
XTAL2
RST
PSEN
ALE
EA
P1.0
P1.1
P1.2
P1.3
P1.4
P1.5
P1.6
P1.7
P0.0/AD0
P0.1/AD1
P0.2/AD2
P0.3/AD3
P0.4/AD4
P0.5/AD5
P0.6/AD6
P0.7/AD7
P2.0/A8
P2.1/A9
P2.2/A10
P2.3/A11
P2.4/A12
P2.5/A13
P2.6/A14
P2.7/A15
P3.0/RXD
P3.1/TXD
P3.2/INT0
P3.3/INT1
P3.4/T0
P3.5/T1
P3.6/WR
P3.7/RD
AT89C51
D1
D2
D3
D4
D5
D6
D7
D8
RP1
RESPACK-8

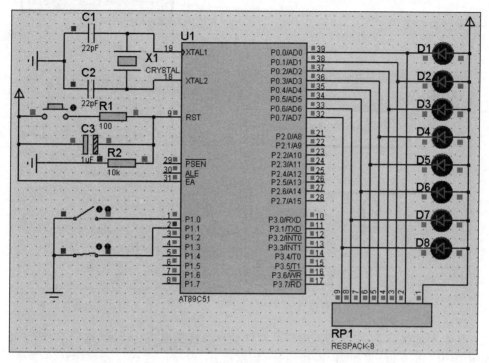

图 4-58　闭合 K2 后显示的结果

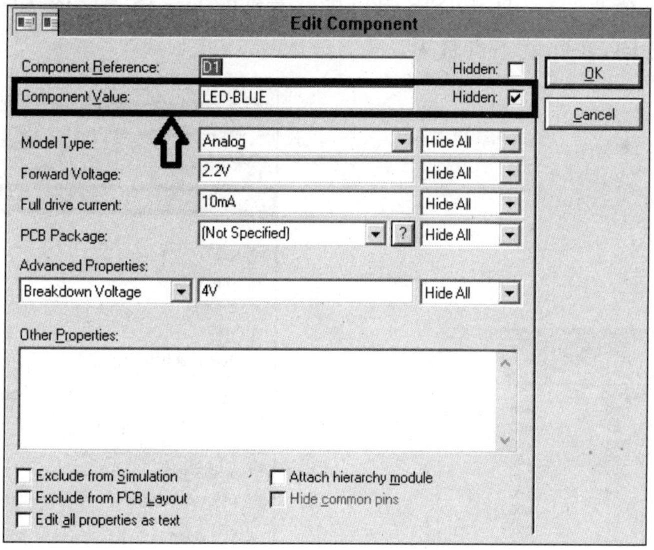

Edit Component
Component Reference: D1 Hidden:
Component Value: LED-BLUE Hidden:
OK
Cancel
Model Type: Analog Hide All
Forward Voltage: 2.2V Hide All
Full drive current: 10mA Hide All
PCB Package: (Not Specified) ? Hide All
Advanced Properties:
Breakdown Voltage 4V Hide All
Other Properties:
Exclude from Simulation
Exclude from PCB Layout
Edit all properties as text
Attach hierarchy module
Hide common pins

图 4-59　隐藏元器件名称

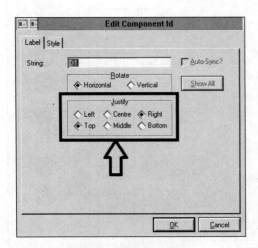

图 4-60　调整标号位置

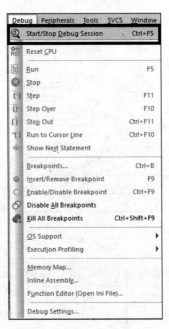

图 4-61　进入仿真状态

在仿真调试状态下,左侧的工程项目窗口会自动转换成 Registers 选项卡,该窗口下显示了 R0～R7 寄存器、累加器、堆栈指针、数据指针、程序计数器以及程序状态字等值,如图 4-62 所示。

在该仿真调试状态下选中 Debug|Run 菜单项(或单击图标),如图 4-63 所示。此时,源程序就开始进入全速运行,打开 ISIS 窗口可以看到发光二极管等依次闪烁。运行结果与离线调试的结果相同,在此就不再赘述。

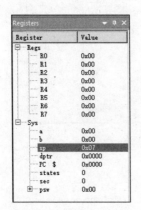

图 4-62　Registers 选项卡

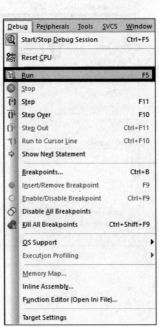

图 4-63　Run 菜单

本 章 小 结

本章详细介绍了 Proteus 软件平台的安装及 Proteus ISIS 电路原理图的设计过程,同时对在 Keil μVision 4 下进行 C51 开发的建立项目、输入源程序、设置编译参数、下载调试等基本步骤进行了讲解。同时对 Proteus 和 Keil μVision 4 进行联机运行与调试的具体步骤进行了讲解,并用具体实例进行了说明。

习 题 4

1. 简述 Keil 环境下进行 C51 开发的基本步骤。
2. 简述 Proteus 和 Keil μVision 4 进行联机运行与调试的方法。

第5章　单片机的中断系统

本章重点
- 中断的基本概念。
- 中断系统的工作原理。
- 中断的响应过程。
- 中断的编程应用方法。

学习目标
- 了解单片机中断系统的硬件组成。
- 了解中断产生与响应过程。
- 了解中断编程方法及中断使用原理。

5.1　中断的概念

5.1.1　为什么要有中断

在单片机中,因系统会有突发状况或十分紧急的事情产生,所以 CPU 需要停下当前正在处理的任务,转而执行更加紧急的任务,以保证机器能够正常运行,避免出现死机的状况或不可挽回的损失,这种处理过程就是依靠它的中断系统来实现的。

中断是指由于某个事件的发生,CPU 暂停当前正在执行的程序,转而执行处理该事件的一个程序,待该程序执行完成后,CPU 接着执行被暂停的程序。单片机内部有一个中断管理系统,它对内部的定时器事件、串行通信的发送和接收及外部事件等进行自动的检测判断。"中断"类似于程序设计中的调用子程序,区别在于这些外部原因的发生是随机的,而子程序调用是程序设计人员事先安排好的。

引发中断的外部或内部事件,称为中断源。中断源向 CPU 提出的处理请求称为中断请求(或中断申请),而事件的整个处理过程称为中断服务(或中断处理)。中断是对事件的实时处理过程,中断源可能随时迫使 CPU 停止当前正在执行的工作,转而去处理中断源指示的另一项工作,待后者完成后,再返回原来工作的"断点"处,继续原来的工作。实现这种功能的中断管理系统称为中断系统。

一个计算机一般具有多个中断源,这就存在中断优先权和中断嵌套的问题。

下面用现实生活中的例子来进行具体说明。

例如,当在屋里看书的时候,若听到敲门声,会先判断是否开门,然后暂时放下手上的书,起身去开门。假如把人比作单片机的 CPU,那么看书就是人当下正在处理的任务,而敲门这个事件就是那个突发事件,"人放下手中的书去与敲门人交谈"这个过程就叫中断,敲门人就是产生中断的中断源,与敲门人交谈结束后返回屋中继续看书。人开门去处理的过程就是中断管理系统处理事件的过程,称为 CPU 的中断响应过程,流程如图 5-1 所示。

如果正在与敲门人交谈,恰巧这个时候厨房里面烧的水开了,为了避免水壶里的水溢出来将下面的燃气浇灭,造成不必要的麻烦,这个时候只能暂停与敲门人的交谈,转向厨房把燃气关上,然后再去与敲门人继续交谈,交谈结束后返回屋中继续看书。这里"敲门""水开"都是产生中断的中断源,而"水开"的中断源比"敲门"这个中断源的优先权高,因此出现了中断嵌套。所谓中断嵌套即高级优先权的中断源可以打断低级优先权的中断服务程序,而去执行高级中断源的中断处理,直至该处理程序完毕,再返回接着执行低级中断源的中断服务程序,直至这个处理程序完毕,最后返回主程序,流程如图 5-2 所示。

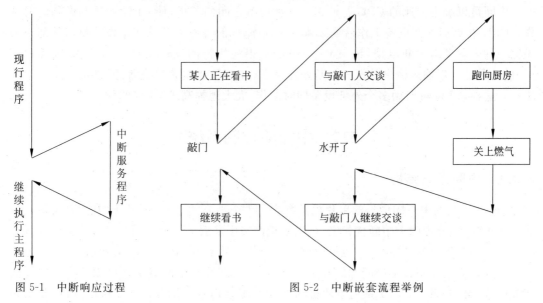

图 5-1　中断响应过程　　　　　　　　图 5-2　中断嵌套流程举例

在单片机中,同样的情况也会发生。例如定义进程一的优先级比进程二的优先级高,当 CPU 在处理进程二的时候,进程一向 CPU 发出请求,CPU 则会暂时停下进程二的处理并对进程二进行断点保护,记录进程二的进行位置并转向进程一;如果此时没有比进程一优先级更高的进程向 CPU 提出请求,则 CPU 在处理完进程一的情况下就会进行恢复现场的工作并从断点的记录位置开始运行。

5.1.2　为什么要设置中断

设置中断有如下 4 个优势。

1. 提高 CPU 工作效率

CPU 的运行速度相对于一般的存储或外设来说快很多,当 CPU 与外设进行信息交换时,由于外设的速度慢,所以 CPU 必然需要通过扫描外设状态,等待外设准备好数据后才能进行数据传输。而采用中断方式的话,外设需要进行与 CPU 传输信息时,可以提前将要传送的数据准备好,通过发送中断申请信号通知 CPU,CPU 在条件允许的情况下,进入中断服务程序,直接进行信息传输,等 CPU 完成中断请求的服务后再返回原来的进程继续进行工作,而不用等待外设在数据准备上浪费时间,从而提高 CPU 的工作效率,缩短处理时间。

2. 具有实时处理功能

在实时控制中,现场的各种参数、信息均随时间和现场而变化。这些外界变量可根据要求随时向 CPU 发出中断申请,请求 CPU 及时处理中断请求。如中断条件满足,CPU 马上就会响应,进行相应的处理,从而实现实时处理。

3. 具有故障处理功能

针对难以预料的情况或故障,如掉电、存储出错、运算溢出等,可通过中断系统由故障源向 CPU 发出中断请求,再由 CPU 转到相应的故障处理程序进行处理。

4. 实现分时操作

中断可以解决快速的 CPU 与慢速的外部设备之间的矛盾,使 CPU 和外部设备同时工作。CPU 在启动外部设备工作后继续执行主程序,同时外部设备也在工作。每当外部设备做完一件事就发出中断申请,请求 CPU 中断它正在执行的程序,转去执行中断服务程序(一般情况是处理输入输出数据),中断处理完之后,CPU 恢复执行主程序,外部设备也继续工作。这样,CPU 可启动多个外部设备同时工作,大大地提高了 CPU 的效率。

5.2 中断的控制系统

5.2.1 中断系统结构

MCS-51 系列中不同型号的单片机具有 5～11 个不同的中断源,最典型的 8051 单片机有 5 个中断源,分为两个中断优先级,可以实现两级中断服务嵌套。用户可以用关中断指令或复位来屏蔽所有的中断请求,也可以用开中断指令使 CPU 接收所有中断请求,同时也可以用软件独立地控制每个中断源的开关状态,每个中断源的中断级别均可用软件设置为高优先级或低优先级。89C51 系列单片机的中断系统结构示意图如图 5-3 所示,该中断系统由中断源、中断标志、中断允许控制寄存器和中断优先级控制寄存器等组成。

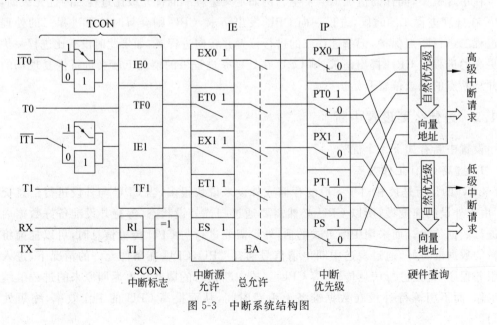

图 5-3 中断系统结构图

5.2.2 中断源

传统的 51 系列单片机有 5 个中断源,分别是两个外部中断、两个定时器/计数器中断和一个串行端口中断。52 系列增加了一个定时器/计数器中断,共 6 个中断源。表 5-1 是 51 系列中断程序执行的向量表及中断控制标志列表。

表 5-1 中断控制标志列表

中 断 源	工作标志	向量地址	中断源引脚	中断源引脚名称
外部中断 0	IE0	03H	P3.2	$\overline{INT0}$
计时器 0	TF0	0BH	P3.4	T0
外部中断 1	IE1	13H	P3.3	$\overline{INT1}$
计数器 1	TF1	1BH	P3.5	T1
串行端口接收	RI	23H	P3.0	RXD
串行端口传送	TI	23H	P3.1	TXD

1. 外部中断

外部中断信号由 $\overline{INT0}$ 和 $\overline{INT1}$ 两个引脚传进来,P3 口具有两种功能,其中 8 个引脚都具有相应的两种功能,$\overline{INT0}$ 通过 P3.2 引脚输入,$\overline{INT1}$ 通过 P3.2 引脚输入。

外部中断源可以分为两种控制方式,电位触发方式和下降沿触发方式。电位触发方式中断是当 $\overline{INT0}$(或 $\overline{INT1}$)引脚为低电平时,IE0(或 IE1)置"1",工作标志设定;当 $\overline{INT0}$(或 $\overline{INT1}$)引脚为高电平时,IE0(或 IE1)置"0",工作标志清除。下降沿触发方式中断是 $\overline{INT0}$(或 $\overline{INT1}$)引脚电平由 1 变化到 0 的瞬间产生中断,而此时 IE0(或 IE1)置"1",工作标志设定,此工作标志一直保留到中断服务程序执行完后才会清除。

2. 定时器/计数器中断

对定时器/计数器进行初值设置并启动后,T0/T1 定时器/计数器会以一定的速率进行向上计数。当计算器值溢出后,便会产生定时器/计数器中断,同时设定相应的工作标志 TF0 或 TF1,等执行完相应的中断服务程序后才会清除工作标志。

3. 串行端口中断

串行端口的中断处理可分为传送数据和接收数据。当发送端将串行缓冲器中的数据传送出去后,便将设定 TI 标志;而当接收数据收到完整的一个字节数据,并将数据放入串行缓冲器后,会设定 RI 标志。需要注意的是,在执行中断服务程序时,并不会自动清除工作标志,通常在程序中必须对中断是由 TI 还是 RI 产生的进行判断,而后分别执行不同的控制程序,并将工作标志加以修改。

5.2.3 中断请求标志

当发生中断时上面的这些中断寄存器上的数值将会发生改变,从而向 CPU 告知中断发生。除了串口中断有两个标志位 TXD/RXD 外,其他的 4 个寄存器每个只有一个标志位,但串口中断标志位共用一个中断号。在单片机运行周期中 CPU 会在每个运行周期查看中断请求标志是否发生了改变,当有中断标志位发生改变时,CPU 将会响应并启动中断处理程序。

表 5-2　中断请求标志列表

中断源名称	中断触发方式	中断请求标志及取值
TXD/RXD	一帧数据被发送出去后 一帧数据被接收进来后	TI=1 RI=1
INT0	P3.2 出现负电平或负跳变脉冲	IE0=1
INT1	P3.2 出现负电平或负跳变脉冲	IE1=1
T0	定时器/计数器 T0 接收的脉冲数达到溢出后	TF0=1
T1	定时器/计数器 T1 接收的脉冲数达到溢出后	TF1=1

TXD/RXD 内部结构具有两个数据缓冲器 SBUF,一个用来发送数据,一个用来接收数据。接收数据的 SBUF 与 P3.0 引脚的 TXD 相连,发送数据的 SBUF 与 P3.1 引脚的 RXD 相连。这两个数据缓冲器在物理上是相互独立的,发送数据的 SBUF 只能用来发送数据,接收数据的 SBUF 只能用来接收数据,但是两者却共用一个逻辑地址 99H。

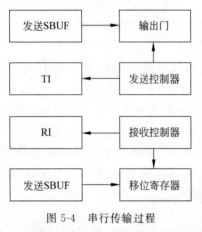

图 5-4　串行传输过程

数据在发送时通过定时器 T1 将 CPU 读取过来的并行数据转化为一位一位的串行数据,经过门电路将数据串行输出,当经过门电路的数据达到一帧的时候便请求中断,TI 标志位自动置位,告诉 CPU 数据传输完毕。数据在接收时通过接收位移寄存器和 T1 定时器,将 RXD 读取过来一位一位的串行数据转化为并行数据,并通过接收 SBUF 将数据并行传送到 CPU 当中,当接收的数据达到一帧的时候便请求中断,RI 标志位自动置位,告诉数据接收完毕。操作流程如图 5-4 所示。

外部中断源INT0和INT1,当 P3.2、P3.3 引脚上出现中断信号时,CPU 通过扫描到中断信号将中断标志位"1",并启动中断程序。

内部中断定时器/计数器(T0/T1),当定时器/计数器累加溢出的时候,将会出现中断信号 CPU 通过扫描到中断信号将中断标志位置 1,并启动中断程序。

5.2.4　中断寄存器

单片机中断系统中有 4 个寄存器来控制中断,分别是 TCON(Timer Control Register,定时器/计数器控制寄存器)、SCON(串行口控制寄存器)、IE(中断允许控制器)和 IP(中断优先级控制器)。

1. 定时器/计数器控制寄存器

如表 5-3 所示,为定时器/计数器控制寄存器的字节地址为 88H(凡是以 8 或 0 结尾的十六进制数都可以进行按位寻址)可进行位寻址。清"0"复位后,TCON 的初值默认为 00H。

表 5-3　TCON 标志位的地址

标志位	TF1	TR1	TF0	TR0	IE1	IT1	IE0	IT0
地址	0x8F	0x8E	0x8D	0x8C	0x8B	0x8A	0x89	0x88

(1) TF1：定时器/计数器 T1 的溢出中断请求标志位，当 T1 计时或计数产生溢出时 TF1 被硬件置"1"，CPU 扫描后发现中断，启动中断服务程序，将 TF1 清"0"。

(2) TR1、TR0：TR1 与 TR0 是定时器 T1 和 T0 的运行控制位，由软件置"1"和清"0"，与中断无关(具体内容见第 6 章)。

(3) TF0：定时器/计数器 T0 的溢出中断请求标志位，当 T1 计时或计数产生溢出时 TF0 被硬件置"1"，CPU 扫描后发现中断，启动中断服务程序，将 TF0 清"0"。

(4) IE1：外部中断 1(INT1)的中断请求标志位。

(5) IT1：电平/边沿触发。

① IT1＝0：电平触发，CPU 在每个周期内对 INT1 的引脚进行扫描，若为低电平则 IE1＝1，发现中断并启动中断服务程序，并硬件清"0"，否则 IE1＝0。

② IT1＝1：边沿触发，CPU 在每个周期内对 INT1 的引脚进行扫描，若发现引脚从高电平跳变低电平，则 IE1＝1，发现中断并启动中断服务程序，硬件清"0"，否则 IE1＝0。

(6) IT1：外部中断 1 的中断触发方式的控制位。

① IT1＝0：电平触发方式，引脚 INT1 上低电平有效。

② IT1＝1：边沿触发方式，引脚 INT1 上电平从高到低负跳变有效。

(7) IE0：外部中断 0(INT0)的中断请求标志位。

① IE0＝0：电平触发，CPU 在每个周期内对 INT0 的引脚进行扫描，若为低电平则 IE0＝1，发现中断并启动中断服务程序，并硬件清"0"，否则 IE0＝0。

② IE0＝1：边沿触发，CPU 在每个周期内对 INT0 的引脚进行扫描，若发现引脚从高电平跳变低电平，则 IE0＝1，发现中断并启动中断服务程序，硬件清"0"，否则 IE0＝0。

(8) IT0：外部中断 0 的中断触发方式的控制位。

① IT0＝0：电平触发方式，引脚 INT0 上低电平有效。

② IT0＝1：边沿触发方式，引脚 INT0 上电平从高到低负跳变有效。

2. SCON 串口控制寄存器

如表 5-4 所示，SCON 为串口控制寄存器，字节地址为 98H，可进行位寻址。清"0"复位后，SCON 的初值默认为 00H。

表 5-4　SCON 标志位的地址

标志位	—	—	—	—	—	—	TI	RI
地址	—	—	—	—	—	—	0x99	0x98

(1) TI：串行口发送中断请求标志位。CPU 将 8 位数据在发送时通过定时器 T1 将 CPU 读取过来的并行数据转化为串行数据经过门电路进行输出，当数据输出结束时便请求中断，TI 标志位自动置"1"并启动中断服务程序，但中断结束后需要软件清"0"。

(2) RI：串行口接收中断请求标志位。当数据缓存器 SBUF 接收完 8 位数据时便向 CPU 请求中断，RI 标志位自动置"1"并启动中断服务程序，但中断结束后也需要软件清"0"。

3. 中断允许寄存器

如表 5-5 所示，中断允许(IE)寄存器，字节地址为 A8H，可进行位寻址。当中断请求发生时,CPU 能否进行中断服务程序取决于 IE 寄存器的两部分。第一部分为源允许寄存器,包括 ES、ET1、EX1、ET0、EX0。当其置"1"之后再观察第二部分。第二部分为中断总允许 EA,当 EA 置"0"时,所有的中断都将会屏蔽,所以当想要启动中断时,需要将 EA 总开关置"1";清"0"复位后,IE 寄存器的初值默认为 00H。

表 5-5 IE 寄存器标志位的地址

标志位	EA	—	—	ES	ET1	EX1	ET0	EX0
地址	0xAF	—	—	0xAC	0xAB	0xAA	0xA9	0xA8

(1) EA:中断允许总控制位。

① EA=1:CPU 总允许中断打开。

② EA=0:CPU 总允许中断断开,屏蔽所有中断。

(2) ES:串行口中断允许位。

① ES=1:串口中断打开。

② ES=0:串口中断断开,屏蔽串口中断。

(3) ET1:定时器/计数器 T1 的溢出中断允许位。

① ET1=1:T1 中断打开。

② ET1=0:T0 中断断开,屏蔽 T1 中断。

(4) EX1:外部中断 1 中断允许位。

① EX1=1:INT1 中断打开。

② EX1=0:INT1 中断断开,屏蔽 INT1 中断。

(5) ET0:定时器/计数器 T0 的溢出中断允许位。

① ET0=1:T0 中断打开。

② ET0=0:T0 中断断开,屏蔽 T0 中断。

(6) EX0:外部中断 0 中断允许位。

① EX0=1:INT0 中断打开。

② EX0=0:INT0 中断断开,屏蔽 INT0 中断。

4. 中断优先级寄存器

如表 5-6 所示,中断优先级(IP)寄存器,字节地址为 B8H,可进行位寻址。每个中断都可以设置优先级,当优先级置"1"时,表明该优先级为高优先级;当优先级置"0"时,表明该优先级为低优先级。高优先级的中断可以将低优先级中断打断,实现中断嵌套,但是优先级相同的中断则不能被对方所打断。中断本身则具有一定的中断优先级,当多个同级中断源同时发出请求时,CPU 将会查询中断请求优先级表,从而判断先执行哪个中断。清"0"复位后,IP 寄存器的初值也默认为 00H,如表 5-7 所示。

表 5-6 IP 寄存器标志位的地址

标志位	—	—	—	PS	PT1	PX1	PT0	PX0
地址	—	—	—	0xBC	0xBB	0xBA	0xB9	0xB8

表 5-7 中断请求优先级表

中断源	中断服务 程序入口	中断级别	中断源	中断服务 程序入口	中断级别
INT0	0003H	最高	T1	001BH	较低
T0	000BH	较高	TX/RX	0023H	最低
INT1	0013H	次之			

（1）PS：串行口中断优先级控制位。

① PS=1：串行口中断为高优先级中断。

② PS=0：串行口中断为低优先级中断。

（2）PT1：定时器/计数器 T1 中断优先级控制位。

① PT1=1：定时器/计数器 T1 中断为高优先级中断。

② PT1=0：定时器/计数器 T1 中断为低优先级中断。

（3）PX1：外部中断 0 中断优先级控制位。

① PX1=1：外部中断 1 中断为高优先级中断。

② PX1=0：外部中断 1 中断为低优先级中断。

（4）PT0：定时器/计数器 T0 中断优先级控制位。

① PT0=1：定时器/计数器 T0 中断为高优先级中断。

② PT0=0：定时器/计数器 T0 中断为低优先级中断。

（5）PX0：外部中断 0 中断优先级控制位。

① PX=1：外部中断 0 中断为高优先级中断。

② PX=0：外部中断 0 中断为低优先级中断。

5.3 中断的处理过程

中断的处理过程主要包括中断请求、中断响应、中断服务、中断撤销等环节。

5.3.1 中断请求

中断请求是当机器遇到了比 CPU 正在处理的事件更加紧急的情况，或该情况会对用户或机器本身造成严重危害，或对机器中的用户数据造成不可逆的危害时，向 CPU 发出要求停下当前正在处理的事件转而执行新事件的一种请求。

在单片机运行中，CPU 一般情况下总是处于忙碌状态，若要使 CPU 等待一个结果从而响应，因为 CPU 事先并不知道该结果什么时候产生从而进行不停的查询，这样就会造成 CPU 资源的浪费。例如硬件接口设备开始或结束收发信息，需要 CPU 处理信息运算时，便会对 CPU 送出中断请求信号，然后暂停手边的工作，让 CPU 存储正在进行的工作，保护现场，先行处理周边硬件提出的需求，这便是中断请求的作用。

一个中断请求的价值就在于单片机中有个特殊的装置，当装置发送关于它运行的信号时可以在指定位置中断它。例如，当打印机完成了打印任务时，它就发送一个中断信号到 CPU，将中断标志位置"1"，CPU 停下正在处理的工作转而启动中断服务程序，处理该中断请求。如果多个这样的事件同时发送到 CPU 请求中断，那么 CPU 就会根据相应的优先级进行判断，从而决定先处理哪个中断请求。

5.3.2　中断响应

中断响应是指当 CPU 扫描到中断请求标志位发生改变,知道已有中断请求时,中止当前程序的执行,保存现行程序执行进度,对现场进行保护(将相应的数据放入到内存中进行记录,将相应的指针压入栈中进行保存),并自动启动相应的中断服务程序进行处理的过程。

在单片机中,CPU 进行中断响应需要有 3 个条件。

(1) 中断请求标志位置"1"。

(2) 相应的中断源寄存器导通(EX0、EX1、ET0、ET1)。

(3) 中断总允许开关打开(EA 打开)。

这三者满足后,CPU 就开始启动中断服务程序。当有多个中断请求时,CPU 会根据相应的优先级进行排序,同时 CPU 还进行中断嵌套。当低级中断执行时,若有更高级中断出现,CPU 则会中断当前的中断事件,当更高级中断执行完毕后再执行低级中断。同级中断则不会被打断。

5.3.3　中断撤销

当中断响应后要及时进行中断撤销,否则 CPU 将会持续进行中断从而造成错误操作。对于不同的中断请求,其撤销也不一样。定时器/计数器以及由脉冲触发的外部中断请求在其响应之后是由硬件进行自动清"0",从而进行中断撤销。对于由电平触发的外部中断在其响应之后不能对其直接进行硬件清"0",需要人为进行软件清"0"。对于串口中断也是一样,其响应之后不能对其直接进行硬件清"0",需要人为进行软件清"0"。

5.3.4　中断服务

中断服务可理解为通过执行事先编好的某个特定的程序来完成针对相应中断事件的服务,而这种处理中断事件的程序被称为中断服务程序。

中断服务程序要针对不同中断源的具体要求进行编写,其主要格式如下:

```
void 函数名() interrupt n [using m]
{
函数体…
}
```

其中,函数名可以任意取,关键字 interrupt 用来指明这是一个中断服务函数,后面的 n 表示中断号,关键字 using 加后面的 m 表示使用哪一组寄存器,可以省略。若省略的话则默认使用当前工作寄存器组(在 51 单片机,低 128B RAM 中有 32 个存储单元,分为 4 组作为工作寄存器使用,4 个不同的寄存器组由 PSW 中的 RS1 和 RS2 决定)。

中断函数不需要被其他函数调用,也不需要返回值。当有中断请求时,CPU 得到响应,系统自动调用中断服务程序。

5.4　中断的编程和应用举例

【例 5-1】 设计中断程序。电路图如图 5-5 所示。利用中断方式,通过按动手动开关实现对发光二极管的闪亮控制。

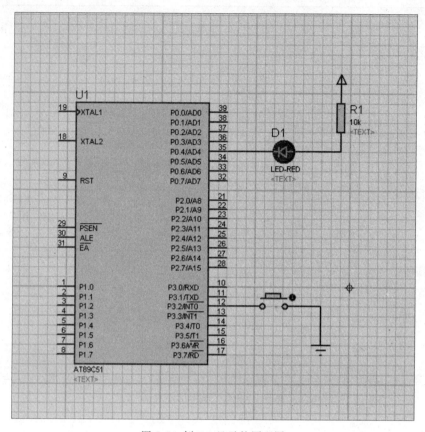

图 5-5　例 5-1 显示的原理图

参考程序如图 5-6 所示。

```
1 #include <reg51.h>
2 sbit p0_4=P0^4;
3 void example_1() interrupt 0 //中断函数没有返回值，也么没有调用函数
4 {
5     p0_4=!p0_4;
6 }
7 void main(){
8     IT0=0;                  //电平触发方式
9     IE=0x81;                //EA总中断打开，EX0源中断打开
10 }
```

图 5-6　例 5-1 参考程序

程序说明：通过例 5-1，发现利用中断不仅可以实现对发光二极管的控制，同时也避免了 CPU 一直查询工作，提高了 CPU 的工作效率。

【例 5-2】　利用中断对流水灯进行控制。电路图如图 5-7 所示，编写可键控的流水灯效果的程序。要求实现的功能为，当按 K1 键时，流水灯自上向下流动；当按 K2 键时，流水灯自下向上流动；当按 K3 键时，流水灯从两边向中间流动。功能实现采用中断控制方式。

参考程序如图 5-8 所示。

程序说明：根据实验结果可以发现，当按下按钮后，启用中断，发光二极管按照预先设定的流水灯效果闪亮。

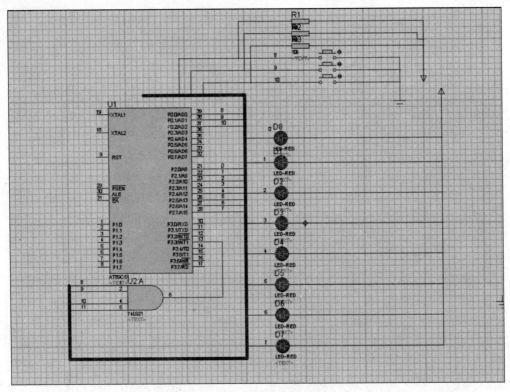

图 5-7 例 5-2 显示的原理图

```
  example1.c   example2.c
 1 #include <reg51.h>
 2 char led[]={0xfe,0xfd,0xfb,0xf7,0xef,0xdf,0xbf,0x7f,};  //判断共阴极的led灯那个闪烁
 3 void example2() interrupt 0{                             //中断函数判断启动哪个中断
 4   switch(p0){
 5     case 0x0e: a=1; break;
 6     case 0x0d: a=2; break;
 7     case 0x0b: a=3; break;
 8   }
 9 }
10 void delay(){                                            //延迟函数
11   int i;
12   for(i=0;i<100;i++)
13   for(j=0;j<500;j++);
14 }
15 void main(){
16   IT0=0;
17   EX=0x81;
18   if(a==1){                                              // 判断哪一种情况
19     while(1){
20     for(i=0;i<8;i++) P2=led[i];                          //共阴极,将led[]中值依次赋给P2口,从上向下闪亮
21       delay();                                           //延迟函数,避免时间太短看不到闪烁效果
22     }
23   }
24 if(a==2){
25     while(1){
26     for(i=8;i>=0;i--) P2=led[i];                         // 共阴极,从下向上闪亮
27       delay();
28     }
29   }
30 if(a==3){
31     while(1){
32     for(i=0;i<4;i++) P2=(led[i]&led[7-i]);               // 共阴极,从两边同时向中间闪亮
33       delay();
34     }
35   }
36 }
```

图 5-8 例 5-2 参考程序

【例 5-3】 计数显示器。对按键动作进行统计,并将动作次数依 0~9 通过荧光数码管显示出来,超过计数量程后自动循环显示,要求利用中断方式实现。电路原理图如图 5-9 所示。

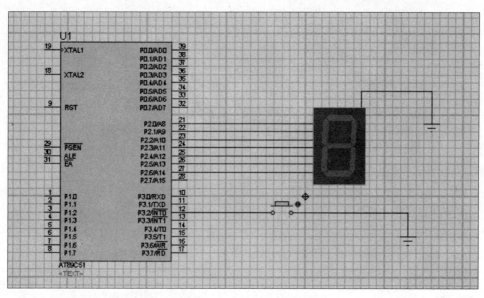

图 5-9 例 5-3 显示的原理图

参考程序如图 5-10 所示。

```
#include <reg51.h>
unsigned char code led[]={0x3f,0x06,0x5b,0x4f,0x66,0x6d,0x7d,0x07,0x7f,0x6f};
int j=0;
void delay(unsigned int t){
    int i;
    for(;t>0;t--)
        for(i=0;i<100;i++){
        }
}
example3() interrupt 0{        //利用中断0进行中断
        j=j+1;
        P2=led[j];
        delay(500);
}
void main(){
    IT0=1;                     //边沿触发
    EX0=1;
    EA=1;                      //启用中断
    P2=led[0];                 //利用P2口将荧光数码管中的数显现出来
    while(1);
}
```

图 5-10 例 5-3 参考程序

程序说明:利用中断可以实现对荧光数码管进行计数,当按下按钮之后,荧光数码管上的数字加 1 显示,当显示数字到“9”之后,荧光数码管再从“0”进行显示。

【例 5-4】 利用一个中断口及一个输出口实现对两个数码管的控制。

在例 5-3 的基础上,将计数显示范围增大为 0~99,串行口仍然采用一个口输出,超限后自动循环显示。采用中断方式实现,电路原理图如图 5-11 所示。

参考程序如图 5-12 所示。

程序说明:将计数结果拆分成两位待显示数据的做法是,将计数值通过取模运算可得

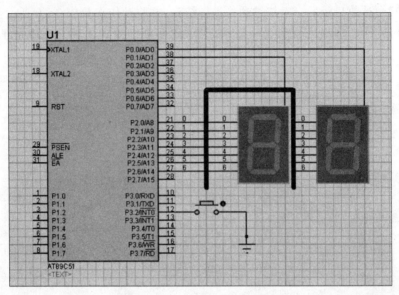

图 5-11　例 5-4 显示的原理图

```
1    #include <reg51.h>
2    char led[]={0x3f,0x06,0x5b,0x4f,0x66,0x6d,0x7d,0x07,0x7f,0x6f,};//对数码管进行初始化
3    sbit p0_0 = P0^0;                              //数据初始化个位位
4    sbit p0_1 = P0^1;                              //数据初始化十位位
5    int i;
6
7    void example3 interrupt 0(){
8        int a = 0,b = 0;
9        b=i%10;                                    //第一个数码管显示为十位
10       a=i/10;                                    //第二个数码管显示为个位
11       p0_0=0;                                    //打开个位位
12       P2=led[a];                                 //使个位显示输出
13       p0_0=1;                                    //关闭个位位,避免改动个位数字
14       p0_1=0;                                    //打开十位位
15       P2=led[b];                                 //使十位位显示输出
16       p0_1=1;                                    //关闭十位位
17       i++;
18   }
19   void main(){
20       IE=0x81;                                   //打开中断
21       IT0=0;                                     //电平触发
22   }
```

图 5-12　例 5-4 参考程序

到个位上的数值,通过整除 10 的运算得到十位上的数值。同时利用中断实现了对多个数码管的控制,根据人眼的视觉暂留现象,在一个输出口的情况下,进行两个数码管的输出(当然也可以对更多的数码管进行控制),减少了输入口的占用。这种思想值得学习。

【例 5-5】　利用中断的优先级控制荧光数码管的显示。

如图 5-13 所示,要求通过两个手动开关模拟外部中断 0 和外部中断 1,中断 0 设置为高优先级,中断 1 采用低优先级,中断 0 控制荧光数码显示管以 0~9 的顺序显示,中断 1 控制数码显示管以 9~0 的顺序显示。

参考程序如图 5-14 所示。

程序说明:通过设置中断优先寄存器 IP 的值为 03H,控制不同中断的优先级,从而使得在中断 1 正在计数的过程中由中断 0 的请求发生中断嵌套。当有优先级更高的中断到来

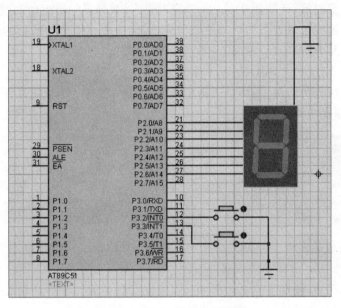

图 5-13　例 5-5 显示的原理图

```
1   #include <reg51.h>
2   void delay();
3   char led[]={0x3f,0x06,0x5b,0x4f,0x66,0x6d,0x7d,0x07,0x7f,0x6f,};
4   void example5 interrupt 0{   //中断0以0~9的顺序显示
5       int i;
6       for(i=0;i<10;i++)
7       P2=led[i];
8       delay();
9   }
10  void example5 interrupt 1{   //中断1以9~0的顺序显示
11      int i;
12      for(i=9;i>=10;i--)
13      P2=led[i];
14      delay();
15  }
16  void main(){
17      IT0=0;                   //中断0电平方式触发
18      IT1=0;                   //中断1电平方式触发
19      IE=0x85;                 // 打开中断
20      IP=0x03;                 //设置优先级中断0比中断1高
21  }
22  void delay(){                //延时函数
23      for(i=0;i<1000)
24      for(i=0;i<1000);
25  }
```

图 5-14　例 5-5 参考程序

时会中断当前较低级的中断。通过例 5-5,可以更好地了解中断优先级之间的关系,并对 IP 寄存器的设置有初步的了解。

本 章 小 结

要求基本了解 80C51 的中断相关结构,以及与中断相关的寄存器,包括 2 个外部中断源、3 个内部中断源、4 个相关寄存器及中断向量的自然优先级。

外部中断源 INT0 和 INT1,CPU 通过扫描到中断信号将中断标志位置"1",启动中断程序。内部中断定时器/计数器 T0/T1：当定时器/计数器累加溢出的时候，CPU 通过扫描到中断信号将中断标志位置"1"，启动中断程序，以及完成一帧串行数据的发送或接收时启动中断程序的 TX/RX。

中断系统中有 TCON、SCON、IE 和 IP。

中断的优先级分为两种，一种是人为定义的（通过 IP 寄存器对其进行设置），另一种是自然优先级（中断优先级表）。

中断函数
void 函数名() interrupt n [using m]
{
函数体…
}

运行中断函数还要将中断总允许位 EA 打开（让 EA＝1），以及对中断的触发方式 IT 进行相应的设置。

对于中断执行后，硬件不能自动清"0"，需要进行软件清"0"时，应注意对其进行相应的代码书写，以保证单片机的运行正确。

习　题　5

1. 什么是中断？

2. 什么是中断优先级？中断优先级处理的原则是什么？

3. MSC-51 系列单片机具有几个中断源，分别是如何定义的？其中哪些中断源可以被定义为高优先级中断，如何定义？

4. 中断服务子程序与普通子程序有哪些相同和不同之处？

5. 中断响应的条件是什么？

6. 在 AT89C51 单片机的 P0 口上接有 8 个发光二极管。要求将外部中断 0 设置为边沿触发。程序启动时，P0 口上的 8 个发光二极管全亮。利用外部中断 INT0 实现高 4 位发光二极管与低 4 位发光二极管交替闪烁 5 次，然后从中断退出时 8 个发光二极管此时同时闪亮。

7. 在 AT89C51 单片机的 P0 口上接有 8 个发光二极管。要求将外部中断 INT0 与外部中断 INT1 设置为边沿触发。程序启动时，P0 口上的 8 个发光二极管流水灯样式闪亮。利用外部中断 INT0 与外部中断 INT1 实现中断嵌套：当按下外部中断 INT0 的开关时，实现 8 个发光二极管此时同时闪亮；此时再按下外部中断 INT1 的开关时，实现高 4 位发光二极管与低 4 位发光二极管交替闪烁 5 次；在交替闪亮期间按下外部中断 INT0 的开关，发光二极管的变化并不改变。

第6章 单片机的定时器/计数器

本章重点

- 定时器/计数器4种工作方式的设置。
- 不同工作方式初值的计算方法。

学习目标

- 了解定时器/计数器的基本结构。
- 掌握 TMOD、TCON 的设置方法和计数器/定时器的初值计算。
- 掌握计数器/定时器的初始化过程。
- 掌握计数器/定时器的基本程序编写方法及应用编程。

在生活中处处可见定时器/计数器的身影,小到电子手表、洗衣机的定时系统,大到工业设备的定时器/计数器控制模块。这些往往需要一系列的定时、延时或对外部信号的计数等操作,而这些功能通常可以通过以下几种方法实现。

方法1:软件法。通过循环函数来实现延时。这种方法优点是程序修改灵活,编写容易,但是因为程序运行需要 CPU 干预,占用 CPU 资源,所以影响总体的运行速度。而且由于不同 CPU 性能差异,同一代码在不同机器运行差异大,容易引起误差,无法做到精准的定时操作。

方法2:硬件法。这种方法完全通过硬件逻辑电路实现,优点是运行速度快,不占用 CPU 资源,定时/计数精确。但因为硬件固定,修改需要对硬件内部的元件参数进行修改,因此使用不够灵活,不具有很好的移植性,而且定时/计数时因硬件因素也有时长的限制。

方法3:可编程的定时器/计数器。这是以上两种方法的结合,利用软件的编程来实现对硬件控制的目的,通过中断和查询两种方式来实现定时和计数功能。这种方法使得定时和计数更为精确,并且时长的修改通过软件编程实现,使用起来更加灵活。

本章将详细介绍可编程的定时器/计数器的原理,以及控制的方法。

6.1 定时器/计数器的结构和工作原理

6.1.1 定时器/计数器的结构

51 单片机的定时器/计数器的结构图如图 6-1 所示。

由图 6-1 可以看到,有两个定时器/计数器 T1 和 T0,而它们由特殊功能寄存器 TCON 来控制启动,由特殊功能寄存器 TMOD 来控制它们的工作方式。另外,T1(P3.5)和 T0(P3.4)分别为定时器 T1 和定时器 T0 的外部引脚,可以用来接收外部的脉冲信号来计数。定时器/计数器 T1 和 T0 是 16 位计数器,分别由高 8 位和低 8 位组成。定时器/计数器启动后,计数器自动加1,当计数器加满后会产生溢出,控制特殊功能寄存器 TCON 的相应溢出标志位的改变,代表定时器工作结束并向 CPU 申请中断,引起 CPU 的响应。

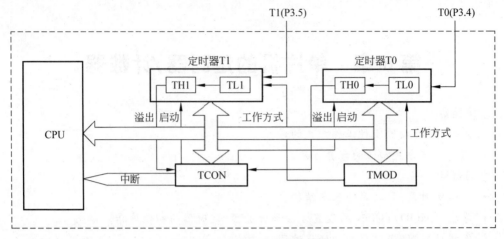

图 6-1　定时器/计数器结构图

而这个过程不需要 CPU 来控制,完全由硬件实现,因此计时精确,节省了 CPU 的资源,并且可以通过程序修改定时器 T1/T0 的初始值来改变定时/计数的时长,从而实现灵活准确的控制定时和计数功能。

6.1.2　定时器/计数器的工作原理

单片机内部一般自带一个振荡器,它经过片内 12 分频,产生单片机所需的时钟频率,这个振荡器的固有频率被称为晶振频率,默认晶振频率 $f=12\mathrm{MHz}$。经过片内 12 分频而得到的时钟频率可以用来求出机器周期(12MHz 晶振所产生的机器周期为 $1\mu s$),具体计算将在后面提到。

如图 6-2 所示,通过控制开关可以选择两种脉冲信号,即内部脉冲和外部脉冲。脉冲信号本质为电平的变化。当电平变化时就会使计数器加 1,从而达到对计数器充值的效果,当计数器的计数值超过最大容量时即会产生溢出,这时候计数器中断标志位自动清“0”(TF 位)从而触发中断,引起 CPU 响应计时结束。

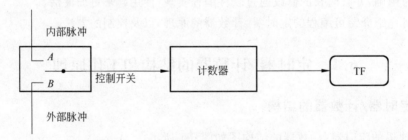

图 6-2　计数脉冲

因此,如果需要一个特定的定时时长,可以在开始计数之前通过软件在计数器内部初始化一个特定的初值,计数时从当前的数值开始计数,这样即可达到控制任意的定时时长。

思考 1:这个时长真的是任意的么? 任意时长是怎么实现的?

了解了定时的基本原理,就可以开始计数。如图 6-3 所示,这个外部脉冲由图 6-1 中的 T1(P3.5)和 T0(P3.4)来获取,在每个机器周期对外部脉冲进行采样。当外部脉冲电平发生变化时,就控制计数器加 1,即通过外部脉冲检测相邻机器周期的采样值是否相同来计数。

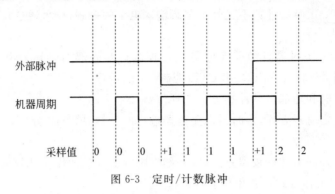

外部脉冲

机器周期

采样值 0 0 0 +1 1 1 1 +1 2 2

图 6-3　定时/计数脉冲

定时和计数的最大区别在于获取脉冲的来源,定时器来自系统内部而计数器是对外部引进的脉冲来计数的。

思考 2:计数器对外部脉冲有要求吗? 为什么?

解答 1:需要注意的是,因为定时时长=[硬件容量(2^n)−初值(a)]×机器周期(T_c),所以定时时长要小于等于 2^n(n 为定时器位数,注意不同的工作方式位数不同,具体区别将在后面提到)。

定时时长:

$$t=(2^n-a)\cdot T_c$$

机器周期:

$$T_C=12/f$$

解答 2:因为是在固定机器周期进行采样,所以分辨率最小为机器周期,若外部脉冲小于机器周期,将得不到准确的计数值。因此测量的外部脉冲需大于机器周期。

6.2　定时器/计数器的控制寄存器

在第 5 章通过对中断的学习,已学会了通过一些特殊功能寄存器的设置来控制中断系统的工作,那么想必本章内容对于你将不会太难。对于定时器/计数器的设置也是通过对特殊功能寄存器 TMOD 和 TCON 的设置,来控制它们的启停和中断申请的。

6.2.1　TMOD 寄存器

TMOD(定时器工作方式)寄存器容量为 1B,字节地址 89H 不可按位寻址。TMOD 主要用于设置定时器 T0 和 T1 的工作方式,即选择不同功能的定时器/计数器,高 4 位控制 T1 的工作方式,低 4 位控制 T0 的工作方式。设置格式如表 6-1 所示。

表 6-1　TMOD 寄存器

定时器 T1				定时器 T0			
GATE	C/T	M1	M0	GATE	C/T	M1	M0
位 7	位 6	位 5	位 4	位 3	位 2	位 1	位 0

（1）GATE：门控位。

① GATE＝0：定时器计数不受外部引脚输入电平的控制，仅可通过定时器运行控制位 TR0、TR1 来控制。

② GATE＝1：定时器计数受定时器运行控制位和外部引脚输入电平的控制。其中 TR0 和 $\overline{\text{INT0}}$ 控制 T0 的运行，TR1 和 $\overline{\text{INT1}}$ 控制 T1 的运行。

（2）C/T：定时和外部事件计数方式选择位。

① C/T＝0：定时器方式，定时器以振荡器输出时钟脉冲的 12 分频信号（即机器周期）作为计数信号。

② C/T＝1：外部事件计数器方式，以外部引脚的输入脉冲作为计数信号。

（3）M1 M0：工作方式设置位如表 6-2 所示。

表 6-2 M1 M0 设置的 4 种工作方式

M1	M0	工作方式	功　　能
0	0	0	13 位定时器/计数器
0	1	1	16 位定时器/计数器
1	0	2	8 位自动重装定时器/计数器
1	1	3	3 种定时器/计数器

由表 6-1 可以看出定时器 T0 与定时器 T1 大同小异，主要由 GATE、C/T、M1 M0 三部分组成。这里以定时器 T0 为例，结合图 6-4，GATE 属于控制模块的一部分，与 TCON 寄存器中的 TR0 和外部引脚 INT0 共同控制开关 S1 来达到控制定时器 T0 的启停。而 C/T 一方面连接了内部晶振，另一方面连接外部引脚 T0（P3.4），不难看出 C/T 具有控制信号来源的作用，通过对信号来源的选择可以很容易地切换定时器和计数器，M1 M0 则是对不同功能定时器/计数器进行选择的控制位，具体功能和设置如表 6-1 所示。

需要注意的是，这 4 种工作方式中方式 0、方式 1 和方式 2 对于定时器 T0 和定时器 T1 都适用，而方式 3 由于硬件的设计占用了 T1 的硬件资源因此只允许定时器 T0 使用，T1 不能选用方式 3，若强行设置 T1 将停止工作。

思考 3：当未设置的时候，TMOD 默认设置为哪种工作方式，定时器还是计数器？

解答 3：当单片机复位时 TMOD＝0，即当打开电源后默认设置为：T0 和 T1 均为定时器方式 0。

6.2.2 TCON 寄存器

TCON（定时器控制）寄存器容量为一个字节，字节地址 88H 可按位寻址。当系统复位时，TCON 的所有位均被清"0"。TCON 寄存器的功能是控制定时器 T0 或 T1 的运行或停止，并标志定时器的溢出和中断情况。TCON 定义格式如表 6-3 所示。

表 6-3 TCON 寄存器

标志位	TF1	TR1	TF0	TR0	IE1	IT1	IE0	IT0
地址	8FH	8EH	8DH	8CH	8BH	8AH	89H	88H

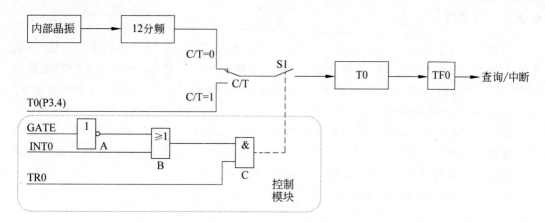

图 6-4　定时器/计数器工作方式 0 的结构框图(以 T0 为例)

（1）TF1：定时器 T1 溢出的标志位。当计时结束或计数溢出时,硬件自动将 TF1 位置"1"同时向 CPU 申请中断,当进入中断程序时硬件自动将 TF1 清"0",TF1 也可软件清"0"。

（2）TR1：定时器 T1 启停控制位。由软件置位和清"0"。GATE 为 0 时,T1 的计数仅由 TR1 控制,TR1 为 1 时允许 T1 计数,TR1 为 0 时禁止 T1 计数。GATE 为 1 时,T1 的计数仅当 TR1 为 1 且 $\overline{INT1}$ 输入为高电平时才允许 T1 计数,TR1 为 0 或 $\overline{INT1}$ 输入低电平都将禁止 T1 计数。

（3）TF0：定时器 T0 溢出的标志位。其功能和操作情况同 TF1。

（4）TR0：定时器 T0 启停控制位。其功能和操作情况同 TR1。

（5）TE1：外部中断 1 的中断请求标志位。

① IE1＝0：在每个机器周期对 $\overline{INT1}$ 引脚进行采样,若为低电平,则 IE1＝1,否则 IE1＝0。

② IE1＝1：当某个机器周期采样到 $\overline{INT1}$ 引脚从高电平跳变到低电平时,IE1＝1,此时表示外部中断 0 正在向 CPU 申请中断,当 CPU 响应中断并转向中断服务程序时,由硬件将 IE1 清"0"。

（6）IT1：外部中断 1 的中断触发方式控制位。

① IT＝0：电平触发方式,引脚 $\overline{INT1}$ 低电平有效。

② IT＝1：边沿触发方式,引脚 $\overline{INT1}$ 上的电平从高到低的负跳变有效。

可由软件置"1"或清"0"。

（7）IE0：外部中断 0 的中断请求标志位。其功能和操作情况同 TE1。

（8）IT0：外部中断 0 的中断触发方式控制位。其功能和操作情况同 IT1。

6.3　定时器/计数器的工作方式

MSC-51 的定时器有 4 种工作方式,分别为方式 0、方式 1、方式 2 和方式 3。下面对各种工作方式的定时器结构和功能进行详细介绍(以 T0 为例说明)。

6.3.1 方式1

当处于工作方式1时,其功能是一个16位定时器/计数器,这16位由高8位TH0和低8位TL0这两部分组成,可以看作一个16位二进制的加1计数器,因此当累积数值超过256则会产生溢出,这时由硬件自动触发TF0置位并向CPU申请中断,定时或计数完成,与此同时16位计数器清"0"。

提示:如果需要实现超过定时器硬件容量的计时,可以结合软件来实现。在产生溢出时由硬件自动触发TF0置位,向CPU申请中断,通过软件重新装载初值,当符合软件设置的定时或计数条件时结束程序,从而实现长时间的定时功能。

图6-5为方式1的逻辑结构图。

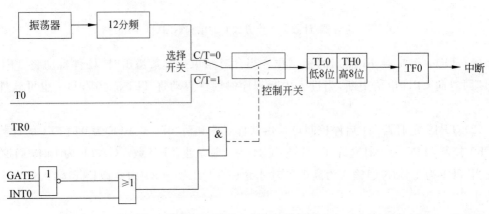

图6-5　方式1的逻辑结构图

如果要设置方式1,需要将TMOD中的M1M0设置为01,当选择开关C/T=0时为定时器,以内置振荡器的12分频为脉冲信号,这时为定时器;而当选择开关C/T=1时为计数器,以外部T0(P3.4)为脉冲信号输入端。同时若使方式1工作,必须使控制开关为1,这里的"控制开关"由图6-4中的控制模块决定。若GATE=0,定时器T0的启停只与TR0有关,反之定时器T0的启停由TR0和$\overline{\text{INT0}}$共同决定。

因为方式1的加1计数器容量为16位,因此

定时时长 t 为

$$t = (2^{16} - a) \cdot T_c$$

机器周期 T_c 为

$$T_c = 12/f = 1\mu s$$

a 为需要设定的计数初值,f 为系统晶振频率(这里取为12MHz),因此当 $a=0$ 时取得方式1最大的定时时长 65 536μs,即定时范围是 0～65 536μs。

提示:通过定时时长来确认需要装载的初值,这个初值需要进行十六进制转换后高位初始化TH0,低位初始化为TL0。下面通过例6-1来深入了解定时器/计数器的使用。

【例6-1】 单片机内部晶振频率为12MHz(12分频),采用T0定时方式1控制发光二极管以1ms为周期闪烁由P1.0口输出,并在虚拟示波器输出波形。

解:因为单片机为12分频,内部晶振频率为12MHz,所以机器周期

$$T_C = 12/(12\text{MHz}) = 1\mu s$$

因为要求信号输出周期是 1ms，所以定时器时长需为周期的一半即 $t = 500\mu s$，当定时满溢时将输出信号反转。不断重复这一过程即可实现输出以 1ms 为周期的脉冲信号。

题目要求以方式 1 控制，方式 1 为 16 位定时器/计数器，计数范围为 2^{16}。

由机器周期 T_C 和定时时长 t 可得计数初值 $a = 2^{16} - 500 = 65\ 036$。

将 a 由十进制数转换为十六进制数 0xFE0C，即需要设置 T0 定时器高 8 位 TH0 = 0xFE，低 8 位 TL0 = 0x0C。

编程要求定时器 T0 方式 1，即设置使用 TMOD 的低 4 位，因为题目只要求输出不受外部控制，因此 GATE = 0，选择定时器方式设置 C/T = 0，选择方式 1，设置 M1M0 = 01，高 4 位无须设置，即全初始化为 0，所以 TMOD = 0x01。

参考电路如图 6-6 所示。

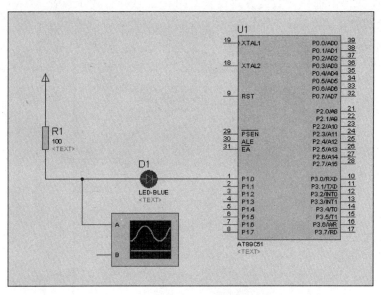

图 6-6　例 6-1 电路原理图

C 语言参考程序如下。

（1）用定时器 T0 的方式 1 编程，采用查询方式，程序如图 6-7 所示。

（2）用定时器 T0 的方式 1 编程，采用中断方式，程序如图 6-8 所示。

```
1  #include<reg51.h>
2  sbit P1_0=P1^0;
3  void main(){
4      TMOD=0x01;          //设置工作方式
5      TR0=1;              //启动定时器T0
6      while(1){
7          TH0=0xFE;       //载入初值
8          TL0=0x0C;
9          while(!TF0);    //查询TF0置位
10         P1_0=!P1_0;     //计时满溢取反
11         TF0=0;          //软件TF0清"0"
12     }
13 }
```

图 6-7　例 6-1 查询方式程序代码

```
1  #include<reg51.h>
2  sbit P1_0=P1^0;
3  turn()interrupt 1 //1号中断控制T0
4  {
5      P1_0=!P1_0;     //计时满溢取反
6      TH0=0xFE;       //载入初值
7      TL0=0x0C;
8  }
9  void main(){
10     TMOD=0x01;      //设置工作方式
11     EA=1;           //打开总中断
12     ET0=1;          //打开T0中断
13     TH0=0xFE;       //载入初值
14     TL0=0x0C;
15     TR0=1;          //打开定时器T0
16     while(1);
17 }
```

图 6-8　例 6-1 中断方式程序代码

思考 4：查询方式和中断方式有什么区别？两种方法有什么共同之处？

解答 4：查询方式是指在一个死循环内不断扫描 TF0 的状态，即查询符合定时操作/计数操作结束的条件，一旦通过说明计时结束随后将 TF0 复位；中断方式是通过硬件自动检测 TF0 并且复位的。两种方式都需要在计时结束后对初值进行初始化。

【例 6-2】 单片机内部晶振频率为 12MHz(12 分频)，采用 T0 计数方式 1 测量从 P3.4 口输入的脉冲(150Hz)，每测量 100 个控制 P1.0 口的发光二极管闪烁。

解：题目要求以方式 1 控制，方式 1 为 16 位定时器/计数器，计数范围为 2^{16}。

由题目可知每测量 100 个脉冲产生中断控制 P1.0 的发光二极管灯闪烁，因此计数值 $a = 2^{16} - 100 = 65\ 436$。将 a 由十进制数转换为十六进制数为 0xFF9C。即需要设置 T0 定时器高 8 位 TH0=0xFF，低 8 位 TL0=0x9C。

编程要求定时器 T0 方式 1 只设置 TMOD 的低 4 位，题目只要求由 T0 来计数无外部控制，因此 GATE=0，选择计数器方式设置 C/T=1，选择方式 1 设置 M1M0=01，高 4 位无须设置即全初始化为 0，所以 TMOD=0x05。

脉冲生成方法设置如图 6-9 所示。

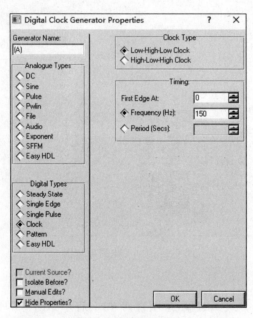

图 6-9　脉冲设置方法

参考电路如图 6-10 所示。

C 语言参考程序如图 6-11 所示。

6.3.2　方式 2

当处于工作方式 2 时，其功能是一个 8 位定时器/计数器，这时会将方式 1 中的低 8 位 TL0 作为二进制加 1 计数器，当累积数值超过 2^8 则会产生溢出。与方式 1 不同的是，高 8 位 TH0 用于存储一个 8 位的二进制初值，当 TL0 溢出后会自动将 TH0 中的初值装入 TL0 中，循环往复直至符合软件设置的停止条件为止。因此无须每次计时结束时在软件中进行初始化，可以大大提高计时的精度。因此方式 2 是具有自动重装的工作方式，而且是定时

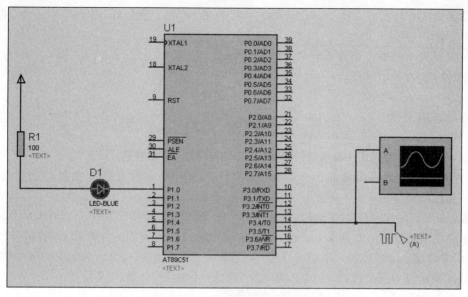

图 6-10　例 6-2 显示的原理图

```
1  #include<reg51.h>
2  sbit P1_0=P1^0;
3  int_1 ()interrupt 1 //1号中断控制T0
4  {
5      P1_0=!P1_0;     //计时满溢取反
6      TH0=0xff;       //载入初值
7      TL0=0x9c;
8  }
9  void main(){
10     TMOD=0x05;      //设置工作方式
11     EA=1;           //打开总中断
12     ET0=1;          //打开T0中断
13     TH0=0xff;       //载入初值
14     TL0=0x9c;
15     TR0=1;          //打开定时器T0
16  while(1);
17     }
```

图 6-11　例 6-2 程序实现代码

器/计数器 4 种方式中唯一一种能够自动重装的,尤其适合作为串行口波特率发生器使用。

图 6-12 为方式 2 的逻辑结构图。

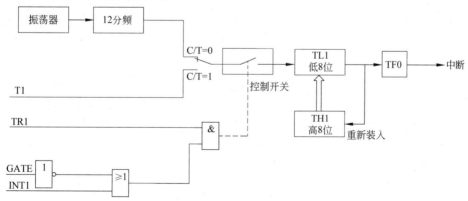

图 6-12　方式 2 逻辑结构图

设置方式 2 与方式 1 类似,只需要将 TMOD 的 M1M0 置为 10,其余基本不变,请参照方式 1 设置。

因为方式 2 的加 1 计数器容量为 8 位,因此

定时时长 t 为

$$t = (2^8 - a) \cdot T_C$$

机器周期 T_C 为

$$T_C = 12/f = 1\mu s$$

当 $a=0$ 时取得方式 1 最大的定时时长 $256\mu s$,即定时范围是 $0 \sim 256\mu s$。

【例 6-3】 单片机内部晶振频率为 12MHz,采用 T0 定时方式 2 控制发光二极管以 0.5ms 为周期闪烁由 P1.0 口输出,并在虚拟示波器输出波形。

解: 单片机为 12 分频,内部晶振频率为 12MHz,所以机器周期 $T_C = 12/(12MHz) = 1\mu s$。

因为要求信号输出周期是 0.5ms,所以定时器时长需为周期的一半即 $t = 250\mu s$,当定时满,溢出时将输出信号反转。不断重复这一过程即可实现输出以 0.5ms 为周期的脉冲信号。

题目要求以方式 2 控制,方式 2 为 8 位定时器/计数器,计数范围为 2^8。

由机器周期 T_C 和定时时长 t 可得计数值 $a = 2^8 - 250 = 6$。

将 a 由十进制数转换为十六进制数为 0x06,因为方式 2 为 8 位自动重装定时器,当 TL0 计数溢出后将 TH0 的初值自动载入 TL0 中计数,不断重复这一过程直到命令终止,因此设置 TL0=TH0=0x06。

编程要求定时器 T0 方式 2 只设置 TMOD 的低 4 位,因为题目只要求输出不受外部控制因此 GATE=0,选择定时器方式设置 C/T=0,选择方式 2 设置 M1M0=10,高 4 位无须设置即全初始化为 0,所以 TMOD=0x02。

参考电路图与方式 1 相同,如图 6-6 所示。

用定时器 T0 的方式 2 编程,采用查询方式,程序如图 6-13 所示。

```
1  #include<reg51.h>
2  sbit P1_0=P1^0;
3  void main(){
4      TMOD=0x02;        //设置工作方式
5      TH0=0x06;         //载入初值
6      TL0=TH0;
7      while(1){
8          TR0=1;            //启动定时器T0
9          while(!TF0);      //查询TF0置位
10         P1_0=!P1_0;       //计时满溢取反
11         TF0=0;            //软件TF0清"0"
12     }
13  }
14
15
```

图 6-13 例 6-3 查询方式程序代码

用定时器 T0 的方式 2 编程,采用中断方式,程序如图 6-14 所示。

结果分析:通过方式 2 和方式 1 的程序对比,可以看出方式 2 的初值都只是在程序开始的时候一次性初始化,运行过程没有装载,是由硬件自动初始化,因此方式 2 不仅精确而且简化了编程。

运行结果如图 6-15 所示。

【例 6-4】 单片机内部晶振频率为 12MHz(12 分频),采用 T1 计数器方式 2 测量例 6-1 中生成的脉冲,每计数 100 个控制 P0.0 口的发光二极管闪烁。

解: 题目要求以方式 2 控制,方式 2 为 8 位定时器/计数器,计数范围为 2^8。

```
1   #include<reg51.h>
2   sbit P1_0=P1^0;
3   turn()interrupt 1 //1号中断控制T0
4 ┌{
5       P1_0=!P1_0;     //计时满溢取反
6 └}
7 ┌void main(){
8       TMOD=0x02;      //设置工作方式
9       EA=1;           //打开总中断
10      ET0=1;          //打开T0中断
11      TH0=0x06;       //载入初值
12      TL0=TH0;
13      TR0=1;          //打开定时器T0
14      while(1);
15 └}
```

图 6-14　例 6-3 中断方式程序代码

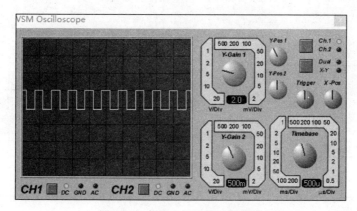

图 6-15　例 6-3 显示的运行结果

由题目可知每测量 5 个脉冲产生中断控制 P0.0 的发光二极管闪烁,因此计数值 $a=2^8-100=156$。

将 a 由十进制数转换为十六进制数为 0x9C。因为方式 2 为 8 位自动重装定时器,当 TL1 计数溢出后自动将 TH1 的初值自动载入 TL1 中计数,不断重复这一过程直到命令终止,因此设置 TL1＝TH1＝0x9C。

编程要求定时器 T1 方式 2 来测量例 6-1 生成的脉冲,因此设置 TMOD 的低 4 位参考例 6-1 中的相关设置,设置 TMOD 的高 4 位时,题目只要求由 T1 来计数无须外部控制,因此 GATE＝1,选择计数器器方式设置 C/T＝1,选择方式 2 设置 M1M0＝10,所以 TMOD=0x61。

参考电路如图 6-16 所示。

参考程序如图 6-17 所示。

6.3.3　方式 0

当处于工作方式 0 时,其功能是一个 13 位定时器/计数器,这 13 位由高 8 位 TH0 和低 5 位 TL0 这两部分组成,与方式 1 类似可以看作一个 13 位二进制的加 1 计数器,因此若累积数值超过 2^{13} 则会产生溢出,这时由硬件自动触发 TF0 置位向 CPU 申请中断,定时或计数完成,与此同时 13 位计数器清"0"。

可以看出,方式 0 除了与方式 1 的位数不同并无太大差别,因此设置方式请参考方式 1。

方式 0 的逻辑结构如图 6-18 所示。

设置方式 0 需要将 TMOD 的 M1M0 置为"10",其余参考方式 1。

因为方式 0 的加 1 计数器容量为 13 位,因此

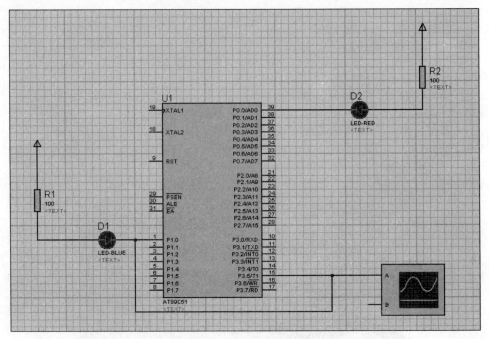

图 6-16　例 6-4 显示的原理图

```
1   #include<reg51.h>
2   sbit P1_0=P1^0;
3   sbit P0_0=P0^0;
4   //char i=0;
5   turn0()interrupt 1      //1号中断控制T0
6   {
7       P1_0=!P1_0;         //计时满溢取反
8       TH0=0xfe;           //T0载入初值
9       TL0=0x0c;
10  }
11  turn1() interrupt 3{    //3号中断控制T1
12  //  i++;
13  //  if(i%10==0)
14      P0_0 =!P0_0 ;
15  }
16  void main(){
17      TMOD=0x61;          //设置工作方式
18      EA=1;               //打开总中断
19      ET0=1;              //打开T0中断
20      TH0=0xfe;           //定时器T0载入初值
21      TL0=0x0c;
22
23      TL1=0x9c;           //计数器T1载入初值
24      TH1=TL1;
25      ET1=1;              //打开T1中断
26
27      TR0=1;              //打开定时器T0
28      TR1=1;              //打开计数器T1
29      while(1);
30  }
31
```

图 6-17　例 6-4 程序代码图

定时时长 t 为

$$t = (2^{13} - a) \cdot T_{\mathrm{C}}$$

机器周期 T_{C} 为

$$T_{\mathrm{C}} = 12/f = 1\mu\mathrm{s}$$

当 $a=0$ 时,取得方式 1 最大的定时时长 $8192\mu\mathrm{s}$,即定时范围是 $0\sim8192\mu\mathrm{s}$。

　　提示:需要注意的是,方式 0 由于选取位特殊,计算初值应按照从大到小填写,而 16 位

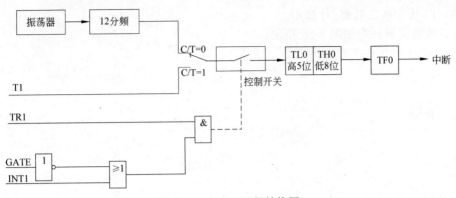

图 6-18　方式 0 逻辑结构图

寄存器的第 5～7 位插入 000,例如例 6-1 用方式 0 实现的话,有

$$a = 2^{13} - 500 = 7692 = 1111000001100B$$

调整后 $a = 1111000000001100B = 0xF00C$

因为方式 0 是为了兼容早期单片机 MCS-48 系列产生的,计算比较复杂,因此在实际应用时往往用方式 1 来代替方式 0。

【例 6-5】　单片机内部晶振频率为 12MHz(12 分频),采用 T0 定时方式 0 控制 LED 以 1ms 为周期闪烁,由 P1.0 口输出,并在虚拟示波器输出波形。

解:单片机为 12 分频,内部晶振频率为 12MHz 所以机器周期 $T_C = \dfrac{12}{12MHz} = 1\mu s$。

因为要求信号输出周期是 1ms,所以定时器时长需为周期的一半即 $t = 500\mu s$,当定时满溢时将输出信号反转。不断重复这一过程即可实现输出以 1ms 为周期的脉冲信号。

上面已经计算了初值 $a = 0xF00C$。

编程要求定时器 T0 方式 0,即设置使用 TMOD 的低 4 位,因为题目只要求输出不受外部控制,因此 GATE=0,选择定时器方式设置 C/T=0,选择方式 0 设置 M1M0=00,高 4 位无须设置,即全初始化为 0,所以 TMOD=0x00。

参考电路如图 6-6 所示。

参考程序如图 6-19 所示。

```
1  #include<reg51.h>
2  sbit P1_0=P1^0;
3  void main(){
4      TMOD=0x00;        //设置工作方式
5      TR0=1;            //启动定时器T0
6      while(1){
7          TH0=0xF0;     //载入初值
8          TL0=0x0C;
9          while(!TF0);  //查询TF0置位
10         P1_0=!P1_0;   //计时满溢取反
11         TF0=0;        //软件TF0清"0"
12     }
13 }
```

图 6-19　例 6-5 的程序实现代码

6.3.4　方式 3

方式 3 比较复杂,能够实现的功能也比较丰富。通常方式 3 有 3 种组合方式。

(1) TH0+TF1+TR1 实现带中断 8 位定时器。

(2) TL0+TF0+TR0 实现带中断 8 位定时器/计数器。

（3）T1 无中断定时器/计数器。

方式 3 的逻辑结构如图 6-20 所示。

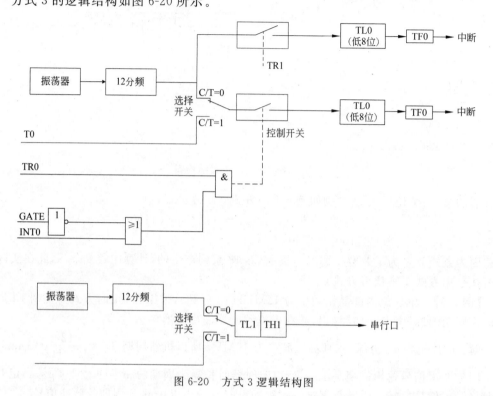

图 6-20   方式 3 逻辑结构图

如果设置方式 3，需要将 TMOD 的 M1M0 置为 11。工作方式 3 下只有定时器 T0 可以工作，而定时器 T1 没有方式 3。当定时器 T0 设置为方式 3 时，将原定时器/计数器 T0 分为 TL0 和 TH1 两个 8 位独立的加 1 计数器。其中 TL0 既可以用于定时器方式也可以作为计数器方式，而 TH0 则只能用于定时器方式。如果强行设置 T1 为工作方式 3，T1 将停止工作。

通过图 6-20 可以看出工作方式 3 下，TL0 沿用了原定时器 T0 的控制位、引脚和中断源。既可以用于定时器方式也可以作为计数器方式，具体设置和功能同方式 1，区别在于这时是 8 位加 1 计数器而不是 16 位。TH0 则只能用于定时器方式，作为 8 位定时器使用，因为它占用了定时器 T1 的控制位 TR1 和标志位 TF1，所以启停只受 TR1 的控制。在定时器 T0 在方式 3 工作时 T1 仍然可以在方式 1、方式 2 和方式 0 工作。

6.4   定时器/计数器的应用

在人们的日常生活和工业生产中，单片机的定时器/计数器因为其小巧灵活、成本低、易于产品化应用十分广泛，能方便地组装、易于编程和控制的特点备受欢迎，还有通过编程作为分频器来产生不同频率的方波来使用的案例。总之，通过灵活运用单片机的定时器/计数器功能可以解决许多现实生活的问题。本节将详细介绍定时器/计数器在生活中的应用。

情景引入：生活中处处可见的五颜六色的霓虹灯，如商业设施的招牌、带彩灯的圣诞树等又是如何实现的呢？

【例 6-6】 按如下要求设计一款流水灯。

设计要求：用 6 个不同颜色的发光二极管作为彩灯、4 个控制开关来控制彩灯。

（1）正常情况 6 个彩灯交替闪烁效果。

（2）按下开关 1 为灯 1～灯 6 的流水闪烁效果，默认频率为 1s。

（3）按下开关 2 为灯 6～灯 1 的流水闪烁效果，默认频率为 1s。

（4）按下开关 3，可将流水闪烁频率加倍。

（5）按下开关 4 则可将流水灯切换回交替闪烁效果。

（6）采用方式 1 实现。

思路点拨：

（1）通读题目可以看出需要实现两个基本功能，彩灯的交替闪烁和能够改变频率的流水灯。

（2）彩灯闪烁没有周期限制要求因此比较简单，只需要简单的赋值和利用键盘扫描的延时即可实现。

（3）流水灯需要 4 个开关来控制，可以通过第 5 章的中断来实现。

（4）对延迟函数的设计为本例的重点，通过题目可以知道需要设计一种能够自由改变定时时长的延迟函数，因此需要传递一个参数来控制定时的时长。先在延迟函数中内置一个"原子"定时器，传递进来的参数为这个定时时长的倍数，就可以实现任意时长了吗。

参考电路如图 6-21 所示。

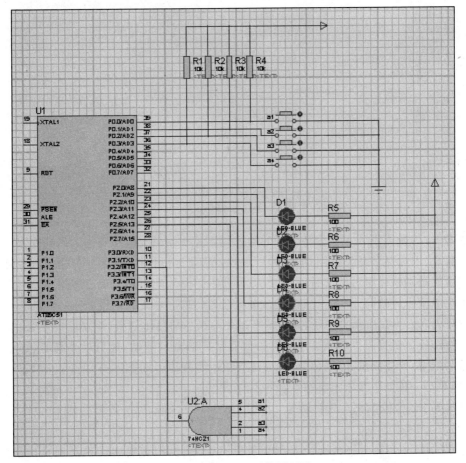

图 6-21　例 6-6 显示的原理图

C 语言参考程序如图 6-22 所示。

```
1   #include<reg51.h>
2   char led[]={0xfe,0xfd,0xfb,0xf7,0xef,0xdf};
3   bit dir=0,run=0;
4   unsigned int i=0;
5   unsigned int t=1000;              //默认1ms*1000
6   void delay(unsigned int t){       //延迟1ms*t
7       TMOD=0x01;                    //T0的方式1
8       while(1){
9           TH0=0xfc;                 //定时1ms
10          TL0=0x18;
11          TR0=1;                    //打开定时器
12          while(!TF0);              //查询是否计时结束
13          if(++i%t==0)              //  #1
14              break;
15          TF0=0;
16      }
17  }
18  key()interrupt 0{
19      switch(P0&0x0f){              //开关控制
20          case 0x0e:run=1;dir=0;break;  //从下到上
21          case 0x0d:run=1;dir=1;break;  //从上到下
22          case 0x0b:t=t/2;break;
23          case 0x07:dir=0;run=0;break;
24      }
25  }
26  void main(){
27      char i;
28      EA=1;                         //打开总中断
29      EX0=1;                        //打开INT0中断
30      IT0=1;                        //INT0采用边沿触发方式
31
32
33      while(1){
34          P2=0x2a;                  //彩灯实现交替闪烁
35          if(run){                  //流水灯
36              if(dir)
37                  for( i=0;i<=5;i++){    //从下到上
38                      P2=led[i];
39                      delay(t);
40                  }
41              else
42                  for(i=5;i>=0;i--){     //从上到下
43                      P2=led[i];
44                      delay(t);
45                  }
46          }
47          P2=0x15;                  //彩灯实现交替闪烁
48      }
49  }
```

图 6-22 例 6-6 程序实现代码

思考 5：为什么不要求在交替闪烁时加入周期控制而只在流水灯加入周期控制？

解答 5：因为要求开关控制，需要时刻对开关状态进行扫描，这部分扫描是需要时间的，因此不可能做到精确延迟的交替闪烁，但可以利用扫描的延迟来实现彩灯的交替闪烁，并且生活中类似流水灯的商业广告比较常见，本例强调的是这方面的应用。

情景引入：随着社会的发展，人们越来越关心自身的身体健康，运动已经成为生活中必不可少的部分。健身房里的动感单车是一种非常棒的有氧运动，能有效提高心、肺功能，增强力量和耐力，消耗能量、降低体脂，同时还有缓解心理压力的作用……

【例 6-7】 按如下要求设计一款模拟控制器。

设计要求：假设单车车轮每转动 10 周消耗 3kJ 的热量，每天需要消耗 1560kJ 的热量，要求：

(1) 在 P3.5 口输入一个周期为 5Hz 的脉冲信号，模拟车轮的转动频率并且连接荧光二极管显示。

（2）通过对车轮转动频率的测算来计算运动所消耗的热量并在 4 位荧光数码管显示今天待消耗的热量。

（3）设有重置开关用来重置运动量。

（4）采用方式 2 实现。

思路点拨：

（1）本题为 7 段位荧光数码管和计数器的简单应用。

（2）根据题目要求，可以设置一个方式 2 的计数器测量外部脉冲的频率来模拟对车轮转动圈数的计数，因此初值设定为 246。

（3）题目说明每天需要消耗的热量为 1560kJ，所以可以设置为全局变量 Q，每当计数器溢出时触发中断，在中断中对 Q 进行修改。

（4）重置开关可以通过外部中断实现。

参考电路如图 6-23 所示。

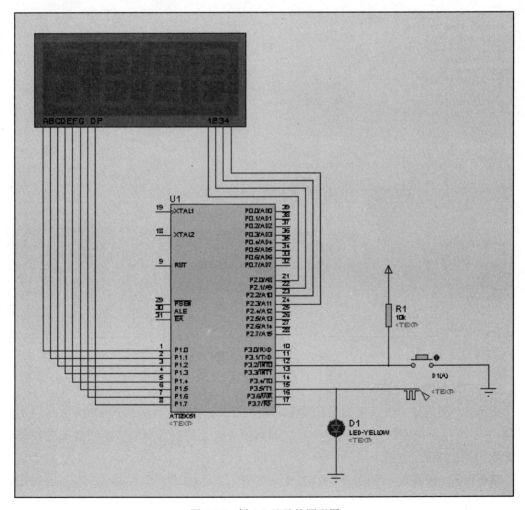

图 6-23　例 6-7 显示的原理图

参考程序如图 6-24 所示。

```
1   #include<reg51.h>
2   sbit key=P3^0;
3   unsigned char code LED[]={0xc0,0xf9,0xa4,0xb0,0x99,0x92,0x82,0xf8,0x80,0x90};    //CA 共阳码
4   //unsigned char code LED[]={0x3f,0x06,0x5b,0x4f,0x66,0x6d,0x7d,0x07,0x7f,0x6f}; //cc
5   unsigned char buf[4];              //存放当前荧光数码管的4位数
6   unsigned int Q=1560;               //设定需要消耗1560kJ热量
7   unsigned int i=0;
8   void delay(unsigned char x){
9       while(1){
10          TR0=1;
11          do{}while(!TF0);
12          if(++i%x==0)
13              break;
14          TF0=0;
15      }
16  }
17  count() interrupt 3{
18      Q-=3;
19      TF1=0;
20  }
21  init0() interrupt 0{
22      Q = 1560;
23  }
24  void display(unsigned int temp){// 荧光数码管显示
25      unsigned char i;
26      buf[0]=temp/1000;              //分离数值位
27      buf[1]=temp%1000/100;
28      buf[2]=temp%100/10;
29      buf[3]=temp%10;
30      for(i=0;i<4;i++){              //循环显示
31          P2=(0x01<<i);             //选位信号
32          P1=LED[buf[i]];           //显示数值
33          delay(40);                //延迟
34          P1=0xff;                  //消隐
35      }
36  }
37  void main(){
38      EA=1;                         //打开总中断
39      EX0=1;                        //打开INT0中断
40      ET1=1;                        //打开定时器T1中断
41      IT1=0;                        //设置INT0位触发方式位低电平
42
43      TMOD=0x62;                    //设置工作方式
44      TL0=0x06;                     //T0定时器装载初值0.25ms
45      TH0=TL0;
46
47      TL1=0xf6;                     //T1计数器装载初值246 ，256满溢
48      TH1=TL1;
49      while(1){
50          display(Q);               //调用显示函数
51          TR1=1;                    //打开计数器
52      }
53  }
```

图 6-24   例 6-7 程序实现代码

运行结果如图 6-25 所示。

提示：本题需要对 7 段荧光数码管有一定的了解,了解运行的原理和 0～9 对应的数码值,并且画电路图时注意区分共阳(CA)和共阴极荧光数码管(CC),不同的荧光数码管应选取不同的编码。

情景引入：随着发令枪的一声枪响,运动员争先恐后地跑起来,同时裁判员沉着镇定地按下了秒表……

【例 6-8】 按如下要求设计一款秒表。

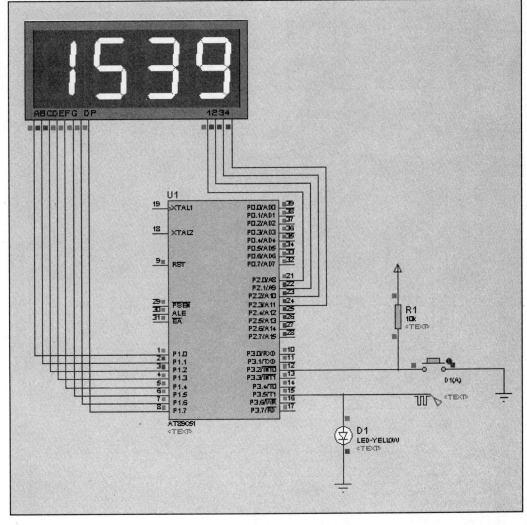

图 6-25　例 6-7 显示的运行结果

设计要求：1 个 4 位荧光数码管显示计数值，精确到 0.01s，最长计时 100s。

设置 2 个开关：

打开开关 1，开始计时，关闭开关暂停计时。

按下开关 2，将当前荧光数码管显示值重置为"0"。

采用计数器 T1 的方式 2 实现。

设计电路如图 6-26 所示。

参考程序如图 6-27 所示。

运行结果如图 6-28 所示。

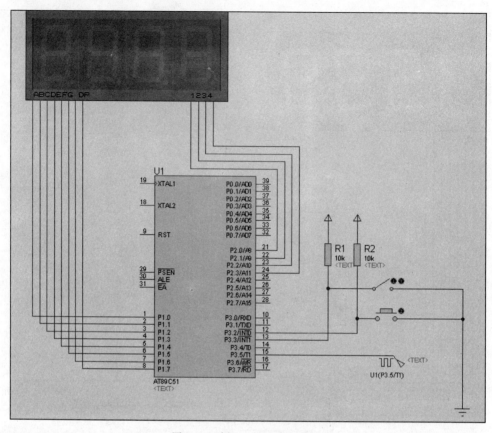

图 6-26   例 6-8 显示的原理图

```c
1   #include<reg51.h>
2   sbit key=P3^3;
3   unsigned char code LED[]={0xc0,0xf9,0xa4,0xb0,0x99,0x92,0x82,0xf8,0x80,0x90};   //CA 共阳码
4   unsigned char code LEDp[]={0x40,0x79,0x24,0x30,0x19,0x12,0x02,0x78,0x00,0x10};  //带小数点共阳码
5   unsigned char buf[4]={0};        //存放当前LED的4位数
6   unsigned int i=0;
7   void delay(unsigned char x){        //延迟函数
8     while(1){
9       TR0=1;
10      do{}while(!TF0);
11      if(++i%x==0)
12        break;
13      TF0=0;
14    }
15  }
16  void display(){                     //LED显示
17    unsigned char i;
18    for(i=0;i<4;i++){                  //循环显示
19      P2=(0x01<<i);                    //选位信号
20      if(P2==0x02)
21        P1=LEDp[buf[i]];               //第2位带点现显示数字
22      else
23        P1=LED[buf[i]];                //显示数值
24      delay(2);                        //延迟0.5ms
25      P1=0xff;                         //消隐
26    }
27  }
28  init0() interrupt 0{                 // 初始化为0
29    buf[3]=0;
30    buf[2]=0;
31    buf[1]=0;
32    buf[0]=0;
33  }
```

图 6-27   例 6-8 程序实现代码

```
34 ┌pause() interrupt 2{        // 暂停中断
35 │    while(1){
36 │      display();
37 │      if(key)break;
38 │    }
39 └}
40 ┌init() interrupt 3{        //待显示数字的初始化
41 │    buf[3]++;
42 ┌  if(buf[3]==10){
43 │      buf[3]=0;
44 │      buf[2]++;
45 └  }
46 ┌  if(buf[2]==10){
47 │      buf[2]=0;
48 │      buf[1]++;
49 └  }
50 ┌  if(buf[1]==10){
51 │      buf[1]=0;
52 │      buf[0]++;
53 └  }
54 ┌  if(buf[0]==10){
55 │      buf[3]=0;
56 │      buf[2]=0;
57 │      buf[1]=0;
58 │      buf[0]=0;
59 └  }
60 │    TF1=0;
61 └}
62 ┌void main(){
63 │    EA=1;                  //打开总中断
64 │    EX0=1;                 //打开INT0中断
65 │    EX1=1;                 //打开INT1中断
66 │    ET1=1;                 //打开定时器T1中断
67 │    IT0=0;                 //设置INT0位触发方式位低电平
68 │    IT1=0;                 //设置INT1位触发方式位低电平
69 │    TMOD=0x60;
70 │    TL1=0xf6;              //T1计数器装载初值256，256满溢
71 │    TH1=TL1;
72 ┌  while(1){
73 │      display();           //调用显示函数
74 │      TR1=1;               //打开计数器
75 └  }
76 └}
```

图 6-27 （续）

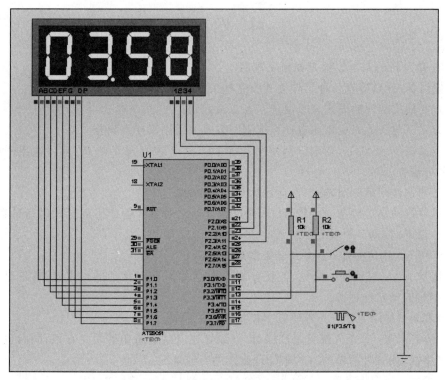

图 6-28 例 6-8 显示的运行结果

本 章 小 结

51 单片机定时器/计数器的基本原理是利用加 1 计数器和系统内部晶振来实现定时和计数。本质上来说都是计数器的应用。

定时器/计数器通过中断的溢出来引起 CPU 的响应,需要与外部中断区别,定时器/计数器的中断是自动触发的。

定时器/计数器有 4 种工作方式,方式 2 可自动重装,因此定时精确,对定时要求高的场合可以优先考虑方式 2;方式 0 为 13 位定时器/计数器,因为计算初值麻烦,一般用方式 1 替代;方式 3 最为复杂,方式 3 的 T1 定时器不可用,只能设置 T0。

TMOD 用来设置定时器/计数器的 0~3 这 4 种工作方式和对定时器/计数器模式的选择。

TCON 用来设置定时器/计数器的溢出标志位和请求方式位。

定时器/计数器一般的编程过程。

(1) 确定定时或计数,设置工作方式(TMOD 设置)。

(2) 计算初值、注意区分不同方式的设定范围。

(3) 设置初值、高位和低位。

(4) 如需中断,需要打开中断并且设置中断内部的功能。

注意:用方式 2 自动重装时,高位和低位相同。方式 2 无须重载初值,但其他 3 种方式都涉及初值的重载。

习 题 6

1. 51 单片机的基本原理是如何实现的?

2. 定时器/计数器有几种工作方式? 这些工作方式有什么功能上的区别?

3. 定时模式和计数模式怎么设置? 有什么区别?

4. 方式 2 与其他方式相比有什么区别? 方式 2 适用于什么场合?

5. 设晶振 $f=6\text{MHz}$,要求分别使用方式 1、方式 2 和方式 0 在 P1.0 口输出一组 $T=0.5\text{ms}$ 的方波。

6. 已知条件同第 5 题,输出占空比为 60% 的方波。

7. 单片机的晶振频率 $f=12\text{MHz}$,通过编程使之对第 5 题产生的脉冲进行计数,每计数 2000 个脉冲,控制一个发光二极管亮 1s,循环 10 个周期。

8. 将例 6-8 用定时器 T0 方式 2 来实现。

9. 情景引入:时钟处处可见,正是有了时钟,才可以记录生活的点点滴滴;正是有了时钟,才可以把时间精准把握。

设计要求:使用 4 位荧光数码管来模拟简单的时钟。

10. 情景引入:每个人都见过红绿灯,红绿灯让道路交通变得井井有条,同时也避免了许多交通事故,用一种简单的方式来处理复杂的交通情况。

设计要求:模拟十字路口的红绿灯,红灯 20s,绿灯 17s,黄灯 3s。

第 7 章　串行通信技术

本章重点
- 串行通信的基本概念。
- 串行通信的 4 种工作方式。

学习目标
- 了解串行通信的基本概念和结构。
- 掌握 SCON 和 PCON 的设置方法。
- 掌握串行通信的基本程序编写方法及应用编程。

7.1　串行通信的定义

7.1.1　什么是串行/并行通信

在计算机的工作过程中,计算机常常要与外部设备进行信息的传输或交换。例如,计算机的主机通过 VGA 线将要显示的图像信息输出到显示器;又例如,通过数据线实现计算机和移动设备的文件互传;等等。这些计算机与外部设备的信息交流称为通信,而通信的方式有串行通信和并行通信两种,分别如图 7-1 和图 7-2 所示。

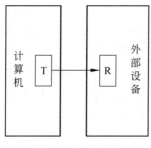

图 7-1　串行通信

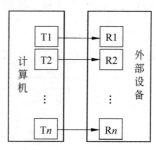

图 7-2　并行通信

串行通信是指数据按顺序一位一位地进行传送,即把要通信的两个设备用一对传输线连接起来,所有数据按顺序一位一位地从这对传输线中发出和接收,由于只有一对传输线,所以串行通信的成本很低,而且由于数据一位一位地进行传输,所以抗干扰能力比较强,可以传输较远距离。显然,串行通信的缺点是传输效率较低。近年来,随着差分信号技术的进步,使得串行通信的速度大大提高,近年来逐渐普及的、以高速稳定传输著称的 USB 3.0 便是采用了串行通信的技术。

并行通信是指多位数据同时进行传输的通信方式,其优点是传输速度快,但缺点是传输线的条数和一次传输数据的位数成正比,布线复杂,成本高且抗干扰能力差。因此,并行通信适合于短距离通信。

7.1.2 串行通信的方式

在串行通信中，按照保证信息传输的同步性划分，串行通信分为同步通信和异步通信两种方式。

在同步通信中，数据的发送方在开始发送数据前会先发送 1～2 个同步字符（又称为 SYNC 字符）给数据的接收方；接收方在接收到同步字符后就开始准备接收数据，整个传输过程由单独的时钟线路来确保传输的同步。因此，同步传输的效率和准确性都很高，近距离信息传输常常使用同步通信。图 7-3 为单同步字符的同步通信；图 7-4 为双同步字符的同步通信。

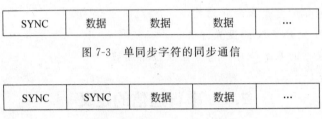

SYNC	数据	数据	数据	…

图 7-3　单同步字符的同步通信

SYNC	SYNC	数据	数据	…

图 7-4　双同步字符的同步通信

异步通信是指将数据封装成帧，再以帧为单位发送数据。所谓的封装成帧，即在数据（数据位）前后加上起始位、校验位、停止位。接收端接收到数据帧后对帧进行处理，最终得到完整的信息。异步通信不需要同步时钟，适合远距离传输，但因为在数据中插入了功能位，因此传输效率比同步通信低。

7.1.3 串行通信的数据传输（波特率）

在串行通信中，常用的数据传输方式有单工（Simplex）方式、半双工（Half-duplex）方式和全双工（Full-duplex）方式，如图 7-5～图 7-7 所示。

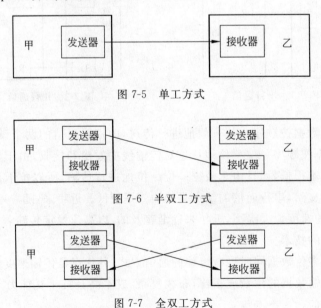

图 7-5　单工方式

图 7-6　半双工方式

图 7-7　全双工方式

单工方式是指数据传输的一方为发送端,一方为接收端,数据单向传输。

半双工方式是指通信双方都具有信息的发送与接收能力,但同一时刻信息只能单向传输。

全双工方式是指信息可以同时进行双向传输。

在串行通信中,每秒传输的二进制数的位数称之为波特率,单位是位每秒(b/s,bps),如今国际通行的标准波特率有 110bps、300bps、600bps、1200bps、1800bps、2400bps、4800bps、9600bps、19 200bps。

7.1.4 串行通信的接口与电平

为了使串行通信在国际上能够方便地使用和通行,目前国际上针对串行接口制定了许多标准与规范,常见的串行接口标准有 RS-232-C、USB、SATA 等。目前 PC 采用的串口标准为 RS-232-C,C51 单片机使用的电平为 TTL,在此简单介绍 RS-232-C 接口标准,以便于了解单片机和 PC 通信时的接口连线。

RS-232-C 是由电子工业协会(Electronic Industries Association,EIA)制定的异步传输标准接口,有 9 引脚和 25 引脚两种形态,如图 7-8、图 7-9 所示,使用 RS-232-C 接口的电平称之为 EIA-RS-232-C 电平。表 7-1 为 25 引脚接口功能说明,表 7-2 为 9 引脚接口功能说明。

7-8 9 引脚 RS-232-C 接口   图 7-9 25 引脚 RS-232-C 接口

表 7-1 25 引脚串口功能

引脚序号	功能	引脚序号	功能
1	SHIELD(Shield Ground,保护地)	14	STXD(Secondary Transmit Data,辅信道数据输出
2	TXD(Transmitted Data,发送数据)	15	TCK(Transmission Signal Element Timing,发送器时钟)
3	RXD(Received Data,接收数据)	16	SRXD(Secondary Receive Data,辅信道数据输入)
4	RTS(Request To Send,发送请求)	17	RCK(Receiver Signal Element Timing,接收器时钟)
5	CTS(Clear To Send,清除发送)	18	LL(Local Loop Control,本地回环控制)
6	DSR(Data Send Ready,数据发送就绪)	19	SRTC(Secondary Request To Send,辅信道发送请求)
7	GND(Signal GND,信号地)	20	DTR(Data Terminal Ready,数据终端就绪)
8	DCD(Data Carrier Detection,载波信号检测)	21	RL(Remote Loop Control,远端回环控制)
9	RESERVED(保留)	22	RI(Ring Indicator,铃声指示)
10	RESERVED(保留)	23	DSR(Data Signal Rate Selector,数据信号速率选择)
11	STF(Select Transmit Channel,选择传输通道)	24	XCK(Transmit Signal Element Timing,发送时钟
12	SCD(Secondary Carrier Detect,辅信道载波检测)	25	TI(Test Indicator,测试指示)
13	SCTS(Secondary Clear To Send,辅信道清除发送)		

表 7-2　9 引脚串口功能

引脚序号	功　　能	引脚序号	功　　能
1	载波检测（DCD）	6	数据终端准备就绪(DSR)
2	接收数据（RXD）	7	请求发送(RTS)
3	发送数据(TXD)	8	发送清除（CTS）
4	数据设备准备就绪(DTR)	9	振铃指示（RI）
5	信号地（GND）		

在实际使用中,更常用的是 9 引脚 RS-232-C 串口,而 C51 单片机串行通信所使用的电平为 TTL 电平,因此单片机的接口无法直接与 PC 端进行通信,需要进行端口电平的转换。在实际应用中常用电平转换芯片 MX232 来完成这个功能,MAX232 引脚接口如图 7-10 所示。

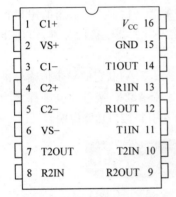

图 7-10　MAX232 芯片

在图 7-10 中,1、2、3、4、5、6 引脚和 4 个电容负责提供 12V 和－12V 电源,TTL 电平数据从 T1IN、T2IN 口输入,转换成为 RS-232 数据后从 TIOUT 和 T2OUT 口输出。反之,RS-232 数据可以从 R1IN 和 R2IN 两口输入,转换为 TTL 电平数据后从 R1OUT 口和 R2OUT 口输出。剩余的 15 和 16 两个引脚是接地和电源引脚。

在经过了电平转换后,就可以进行单片机和 PC 串口的通信了,单片机和 PC 段的通信和单片机之间的通信本质上是相同的,有 4 种通信方式,在接下来的几节中就会学到。

7.2　MCS-51 的串行通信结构

7.2.1　MCS-51 单片机串行口

C51 单片机拥有一个可编程的全双工串行通信接口,通过引脚 P3.0（RXD）和引脚 P3.1(TXD)来进行与外界的通信,其串行口结构如图 7-11 所示。

图 7-11 中,C51 单片机的串行通信结构有两个数据缓冲器 SBUF,两个 SBUF 共用同一个地址(99H),但物理上是相互独立的,在实际通信时单片机可以根据不同的指令将数据放至发送/接收缓冲区。除了两个 SBUF 之外,C51 的串行接口还包括发送/接收控制器,串行控制寄存器 SCON(98H)等。

在发送数据时,SBUF 中装载要发送的并行数据,发送控制器可以在定时器 T1 提供的时钟下将这些并行信息转换为串行信息并添加上起始位、校验位以及停止位,转换结束后将数据发送至 TXD 引脚并将发送中断请求标志位 TI 置"1"。

在接收数据时,RXD 引脚接收到外界的串行数据,接收控制器在计时器 T1 提供的时钟下,经接收移位寄存器将串行信息中的起始位、校验位以及停止位过滤掉并转换成为并行信息,转换结束后将数据存入 SBUF 并将接收中断请求标志位 RI 置"1"。

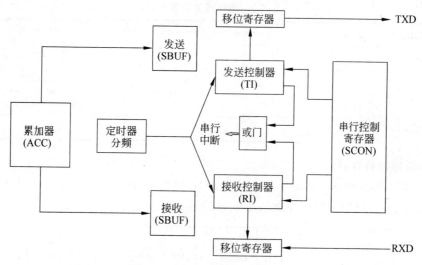

图 7-11　C51 内部串行通信结构

7.2.2　串行通信有关的控制寄存器

MCS-51 单片机的串行通信相关结构主要由两个特殊功能寄存器进行控制,即串行控制寄存器和电源控制寄存器。

1. 串行控制寄存器

串行控制(SCON)寄存器的字节地址为 98H,因此可进行位寻址,其每位功能如图 7-12 所示。

SM0 (9FH)	SM1 (9EH)	SM2 (9DH)	REN (9CH)	TB8 (9BH)	RB8 (9AH)	TI (99H)	RI (98H)
D7	D6	D5	D4	D3	D2	D1	D0

图 7-12　SCON 寄存器

(1) RI 和 TI 表示 7.2.1 节提到的两个串行中断请求位。

(2) TB8 是要发送数据的第 9 位,在串行通信方式 2 和 3 中会用到,多机通信时用于区分数据和地址。RB8 和 TB8 相似,用来存放接收数据的第 9 位,在串行通信方式 2 和 3 中会用到,可以用来进行奇偶校验,多机通信时可用来区分数据/地址。

(3) REN 为允许接收控制位,只有当 REN 位打开(置"1")时才允许进行串行接收,REN 位关闭时(置"0")禁止进行串行接收。

(4) SM2 为多机通信控制位,当 SM2 打开(置"1")时为多机通信,此时接收到的数据要先判断是地址还是数据,当 SM2 关闭(置"0")时多机通信关闭,接收到的数据直接存入SBUF,不进行判别。

(5) SM0 和 SM1 是串行通信工作方式位,SM0 和 SM1 取不同值时工作方式如表 7-3 所示。

表 7-3　串行通信工作方式

SM0	SM1	工作方式	说　　明
0	0	0	8 位同步移位寄存器
0	1	1	10 位异步通信
1	0	2	11 位异步通信
0	1	3	11 位异步通信

2. 电源控制寄存器

电源控制(PCON)寄存器的字节地址为 87H,因此不可进行位寻址,在设置该寄存器时要多位统一赋值。PCON 每位功能如图 7-13 所示。

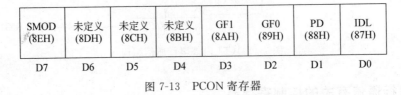

图 7-13　PCON 寄存器

(1) SMOD:波特率选择位,可以标识串行通信的时钟波特率是否加倍。

(2) GF1 和 GF0:通用标识位。

(3) PD:掉电方式位,进入掉电模式(PD=1)后,除外部中断外,单片机其余部分停止工作。

(4) IDL:空闲方式位,该位打开(IDL=1)时 CPU 停止工作,直到下一个中断到来或硬件复位(PCON=0)时可以重新唤醒 CPU。

7.3　MCS-51 的 4 种串行通信方式

7.3.1　串行通信方式 0

串行通信方式 0(SM0=0,SM1=0)是以 8 位数据为 1 帧进行数据发送和接收的一种移位寄存器输入输出方式,低位在前,数据帧里不分起始位、停止位或校验位。在这种通信方式下,数据的输入和输出全部经由 P3.0(RXD)口进行传输,TXD 引脚(P3.1)负责进行同步移位时钟的输出。串行通信方式 0 的传输波特率是固定的,为 $f_{osc}/12$。

串行通信方式 0 严格意义上来讲不能算作串行通信,因为方式 0 无法进行双机通信,常用来外接移位寄存器来扩展 I/O 口。下例来演示通过外接一个 74LS164 芯片进行 I/O 口扩展。

【例 7-1】 用串行通信方式 0 实现 8 位流水灯效果,要求灯从上而下闪烁,每次流水结束后要所有灯全亮一次置位再重新开始流水。

解: 流水灯控制的一般思路是将若干发光二极管接到单片机的通用口上,利用通用口的输出电平来控制发光二极管的流水闪烁。显然,发光二极管的控制电平必须是并行输出的,若想用串行口实现,就需要对串行口进行扩展。本例选用 74LS164 芯片来作为扩展芯片。74LS164 的内部结构如图 7-14 所示。

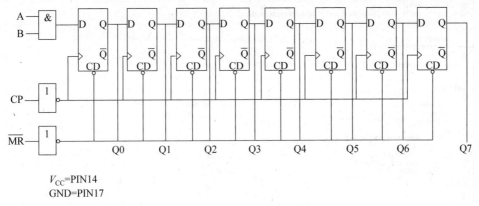

V_{CC}=PIN14
GND=PIN17

图 7-14　74LS164 内部结构

74LS164 芯片内部有 8 个互相连通的 D 触发器,每出现一次时钟脉冲,每一位触发器会锁存低一位触发器的电平,即锁存电平向高位平移一位。这样,在 8 个时钟脉冲后,串行输入的 8 位数据分别被锁存在了 Q0~Q7 上,可以对这 8 位数据进行并行的输出。

实验器材以及连线完成图如图 7-15 所示。

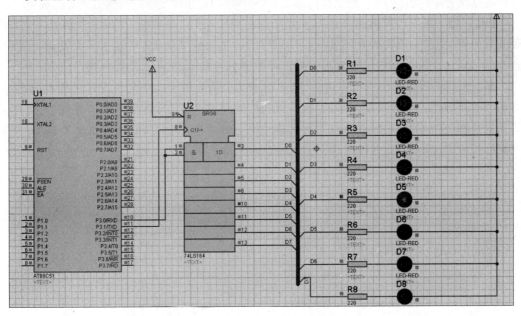

图 7-15　例 7-1 显示的原理图

参考程序代码如图 7-16 所示。

程序说明:运行后可以看到,通过串行通信方式 0 实现了流水灯的效果。

7.3.2　串行通信方式 1

串行通信方式 1(SM0＝0,SM1＝1)是以 10 位数据为 1 帧进行数据发送和接收的一种串行通信方式,数据帧中有 1 位起始位、1 位停止位和 8 位数据位。在这种通信方式下,数据的输出由 P3.1(TXD)进行,数据的接收由 P3.0(RXD)进行,且数据传输的波特率是可以

```
#include<reg51.h>
char LED[]={0x7f,0xbf,0xdf,0xef,0xf7,0xfb,0xfd,0xfe,0x00};//流水灯的闪烁码
void delay(unsigned int t)                              //定义延迟子程序
{
    unsigned int i,j;
    for(i=0;i<10000;i++)
    {
        for(j=0;j<t;j++){}
    }
}
void main()
{
    int key;                                            //作为计数指针
    SCON=0;                                             //初始化SCON寄存器
    while(1)
    {
        for(key=0;key<9;key++)
        {
            SBUF=LED[key];                              //将信息发送给74LS164
            do{}while(TI==0);                           //等待发送
            delay(10);                                  //延迟
        }
    }
}
```

图 7-16 例 7-1 参考程序代码

调节的,其值为

$$\frac{2^{\mathrm{SMOD}} f_{\mathrm{osc}}}{32 \times 12(2^{n}-a)}$$

可以通过改变定时器的工作方式、初值或是 SMOD 位的值来改变串行通信方式 1 的波特率。

【例 7-2】 利用串行通信方式 1,实现半双工双机通信:单片机 1 的 P2 口接了一个七段荧光数码管,要求七段荧光数码管开始 0~8 计数,单片机 2 的 P2 口接了 8 个发光二极管,这些灯可以随着计数器的增长流水闪烁。计数器每计到 8,发光二极管全亮置位。

解: 半双工通信在 7.1 节中讲过,在本题中要求单片机 1 向单片机 2 传送技术信息,但并不要求接收相应单片机 2 发来的"握手"信息,即单片机 1 发送,单片机 2 接收,并分别对数据进行相应操作,这种情况下只需要把单片机 1 的 TXD 引脚接到单片机 2 的 RXD 引脚并编写相应程序即可。

实验器材以及连线完成原理图如图 7-17 所示。

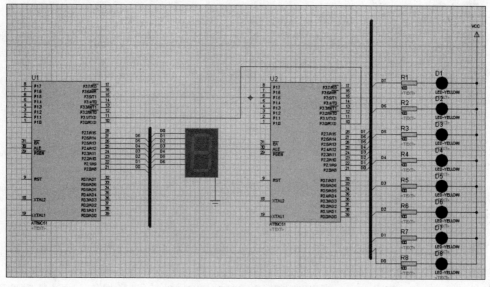

图 7-17 例 7-2 显示的原理图

单片机 1(发送端)代码如图 7-18 所示。

```
#include<reg51.h>
unsigned char led[]={0x3f,0x06,0x5b,0x4f,0x66,0x6d,0x7d,0x07,0x7f};    //'0'~'8'的七段数字码
void delay(int t)
{
    int j=0;
    for(;t>0;t--)
    {
        for(j=100;j>0;j++);
    }
}
void main()
{
    int key=0;
    TMOD=0X20;                                              //采用定时方式2（8位计数）
    TH1=TL1=0xe8;                                           //波特率设定为1200bps
    PCON=0;                                                 //波特率不加倍
    SCON=0X50;                                             //根据方式1设定SCON寄存器
    TR1=1;                                                 //开始计时
    while(1)
    {
        P2=led[key];                                       //先在七段荧光数码管上显示发送的数字
        SBUF=key;                                          //然后发送给单片机2
        while(TI==0);                                       //等待发送完成
        TI=0;                                              //发送结束，软件置位
        if(key==8)                                          //计数器为8，从0重新开始计数
        {
            key=0;
        }
        else
        {
            key++;                                         //计数器自增
        }
        delay(5);
    }
}
```

图 7-18　单片机 1(发送端)代码

单片机 2(接收端)代码如图 7-19 所示。

```
/*单片机2端程序*/
#include<reg51.h>
unsigned char led[]={0x7f,0xbf,0xdf,0xef,0xf7,0xfb,0xfd,0xfe,0x00};    //流水灯对应输出数组
void main()
{
    unsigned char show;
    TMOD=0x20;                                             //计时方式2
    TH1=TL1=0xe8;                                          //和单片机1保持相同波特率
    PCON=0;
    SCON=0x50;
    TR1=1;
    while(1)
    {
        while(RI==1)
        {
            RI=0;
            show=SBUF;
            P2=led[show];
        }
    }
}
```

图 7-19　单片机 2(接收端)代码

7.3.3　串行通信方式 2

串行通信方式 2(SM0＝1,SM1＝0)是以 11 位数据为 1 帧进行数据发送和接收的一种串行通信方式。数据帧中有 1 位起始位、1 位停止位和 9 位数据位(其中 1 位为可编程位)。在 7.2.2 节中讲过在寄存器 SCON 中有 TB8 位和 RB8 位,在串行通信方式 2 中在数据发送时设定的 TB8 位的值会自动添加到发送数据帧的第 9 位中,在接收数据时数据帧的第 9 位会被自动送到 RB8 位中,这一位称之为可编程位,可以用来进行奇偶校验或其他控制。串行通信方式 2 的波特率是固定的,有两种,分别为 $f_{osc}/32$ 或 $f_{osc}/64$,可以通过设置 SMOD 位的值来切换这两种波特率,即波特率为

$$\frac{2^{\text{SMOD}} f_{\text{osc}}}{64}$$

【例 7-3】 利用串行通信方式 2 实现带奇偶校验位的双机通信,单片机 1 循环向单片机 2 发送 0~8,并将发送值显示在七段荧光数码管上,单片机 2 收到之后将结果表现在发光二极管组上,并向单片机 1 回送校验信息。要求:发送结果准确无误时,发光二极管呈流水流动,当单片机 1 向单片机 2 发送"8"时,发光二极管组全亮置位。

解: 这道例题要求双机通信且带奇偶校验位,即双机的 TXD 要接对方的 RXD,RXD 要接对方的 TXD。在串行通信方式 2 和 3 中,奇偶校验位的产生是由累加器 ACC 计算获得,并存放在单片机状态寄存器 PSW 的第 0 位上,需要在程序中将这个值赋给 TB8 位,在发送数据时单片机会自动把它放到第 9 位。在单片机 2 收到信息后要确认奇偶校验,如果奇偶校验成功,就让程序将 TB8 位置"0",否则将 TB8 位置"1",这样就实现了带奇偶校验位的双机通信。

实验器材以及连线完成图如图 7-20 所示。

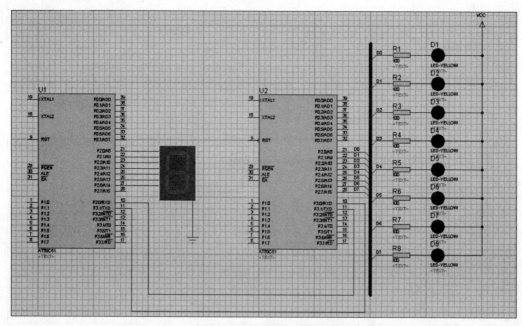

图 7-20 例 7-3 显示的原理图

单片机 1 端代码如图 7-21 所示。

单片机 2 端程序如图 7-22 所示。

7.3.4 串行通信方式 3

串行通信方式 3(SM0=1,SM1=1)和串行通信方式 2 类似,数据帧均为 11 位,同样有 1 位起始位、1 位停止位和 9 位数据位,且 TB8 和 RB8 的功能也和串行通信方式 2 相同,但串行通信方式 3 的波特率是可变的,其值为

$$\frac{2^{\text{SMOD}} f_{\text{osc}}}{32 \times 12(2^n - a)}$$

```
/*单片机1端程序*/
#include<reg51.h>
sbit k=PSW^0;                                               //声明奇偶校验位
char LED[]={0x3f,0x06,0x5b,0x4f,0x66,0x6d,0x7d,0x07,0x7f};   //数据0-8的七段码
void delay(int t)                                           //延时程序
{
    int j=0;
    for(;t>0;t--)
    {
        for(j=100;j>0;j++);
    }
}
void main()
{
    int key=0;
    PCON=0x80;          //设置PCON寄存器，使波特率加倍
    SCON=0x90;          //设置SCON寄存器，设置串行通信方式2，允许接收（校验）
    while(1)
    {
        ACC=key;        //根据累加器中的1个数获取奇偶校验位到PSW的第0位（硬件自动完成）
        TB8=k;          //装载奇偶校验位
        SBUF=key;       //发送
        while(TI==0);
        TI=0;           //软件置位
        while(RI==0);   //接收单片机2传来的奇偶校验信息。
        RI=0;
        if(RB8==0)      //奇偶校验无误
        {
            P2=LED[key];
            if(key==8)
            {
                key=0;  //key=8时重新开始循环计数
            }
            else
            {
                key++;
            }
            delay(3);
        }
    }
}
```

图 7-21　单片机 1 端代码

```
#include<reg51.h>
sbit k=PSW^0;
char LED[]={0x7f,0xbf,0xdf,0xef,0xf7,0xfb,0xfd,0xfe,0x00};   //流水灯的闪烁码
void main()
{
    int key=0;
    PCON=0x80;          //PCON寄存器设置与单片机1保持相同
    SCON=0x90;          //设置串口通信方式2，允许接收（校验）
    P2=0xff;            //初始化灯组
    while(1)
    {
        while(RI==1)
        {
            RI=0;
            key=SBUF;
            P2=LED[key];    //将接收结果输出到发光二极管组
            ACC=key;        //获取奇偶校验位
            if(RB8==k)      //判断奇偶校验是否有误
            {
                TB8=0;      //奇偶校验无误，将TB8清"0"准备回送
            }
            else
            {
                TB8=1;      //奇偶校验出错，将TB8置1准备回送
            }
            SBUF=key;       //回送（奇偶校验位硬件自动添加）
            while(TI==0);
            TI=0;
        }
    }
}
```

图 7-22　单片机 1 端代码

可以通过改变定时器的工作方式、初值或 SMOD 位的值来改变串行通信方式 3 的波特率。

串行通信方式 3 主要用于进行多机通信（主从式系统通信）。

本 章 小 结

本章介绍了 MCS-51 单片机所配备的串行通信相关结构,C51 单片机是具有全双工串行通信的能力的,并且 C51 的串行通信有 4 种方式,其中串行通信方式 1 和串行通信方式 3 是可以调节波特率的,而串行通信方式 0 和串行通信方式 2 的通信波特率是固定的,但可以控制波特率是否加倍。

串行通信方式 0 的数据帧只有 8 位,常被用来进行 I/O 口的扩展,在本章例题中也用到了 74LS164 来对扩展方式进行了演示;串行通信方式 1 的数据帧有 10 位,包括 1 位起始位、1 位停止位和 8 位数据位。串行通信方式 1 常被用来进行双机点对点(P2P)通信。串行通信方式 2 和 3 都是 11 位数据帧,在方式 1 的基础上增加了 1 位可编程位(TB8/RB8),可以在程序中手动改变这一位的值,可编程位常被用来进行奇偶校验,以提高数据传输的准确性。串行通信方式 2 和 3 的差别是串行通信方式 2 的波特率固定,而方式 3 的波特率可调。

本章介绍了 PC 端串口所采用的 RS-232-C 接口,C51 单片机的串行口输出电平为简单的数字逻辑 TTL 电平,在单片机与 PC 通信时可以通过 MAX22 芯片进行转接,具体连接方法在 7.1.3 节中有讲到。Proteus 中提供了相关的芯片以及原件供仿真使用,需要注意的是,在进行单片机与 PC 通信的仿真时,由于 C51 单片机并不是真实存在的,要建立虚拟单片机和 PC 的串口连接,就需要在计算机上虚拟出一个串口,再在 Proteus 中把单片机和这个虚拟串口通过 MAX22 芯片的转接连接起来,就可以进行单片机和 PC 的串行通信了。Virtual Serial Port Driver 是一款常用的 PC 端虚拟串口软件,如图 7-23 所示。通过它可以在 PC 端创建虚拟串口,并模拟单片机和 PC 的串行通信,通信方式和程序编写与本章所学的相同,若感兴趣,可以下载来试一下。

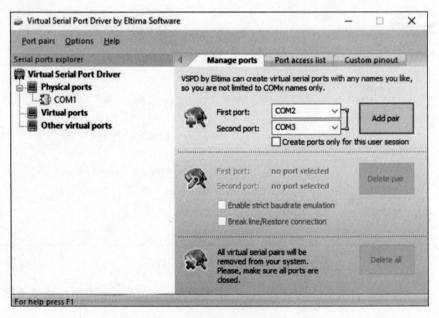

图 7-23 Virtual Serial Port Driver 界面

习 题 7

1. 简述什么是串行通信、并行通信以及各自的应用场景。

2. 串行通信有哪 3 种工作方式？每种工作方式有什么特点？

3. C51 单片机有几种串行通信方式？它们分别有什么特点？

4. 在两块 C51 单片机间利用串行通信进行单向数据传输时，若要求用串行通信方式 1 进行数据传输，且传输波特率为 4800bps 且波特率不加倍，用定时方式 2 进行计时，已知系统时钟频率为 12MHz，请写出数据发送端单片机和接收端单片机各寄存器的值。

5. 电路原理图如图 7-24 所示，根据连线图编写程序，要求运用串行通信方式 0 使七段荧光数码管循环显示 A～F 字母。

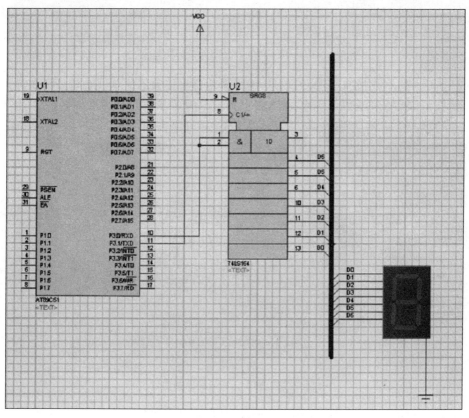

图 7-24　第 5 题显示的原理图

6. 器件连接如图 7-25 所示。根据图中器件连接，分别写出单片机 1 和单片机 2 端的程序，要求利用单片机之间的串行通信实现发光二极管的闪烁。

7. 绘图并编写代码，实现单片机 1 循环向单片机 2 发送 A～F，并将发送字母显示在荧光数码管上，单片机 2 收到之后向单片机 1 回送校验信息并将结果显示在自己控制的荧光数码管上（提示：利用串行通信方式 2）。

8. 程序填空。实验连线如图 7-26，单片机 1 循环向单片机 2 发送"C51"单词，单片机 2

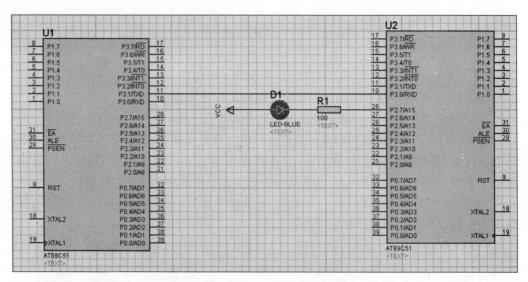

图 7-25　第 6 题显示的原理图

同时循环向单片机 2 发送"HELLO"信息,两个单片机将接收到的单词实时显示在荧光数码管上。根据题目要求补全以下程序(单片机晶振频率为 11.0591MHz)。

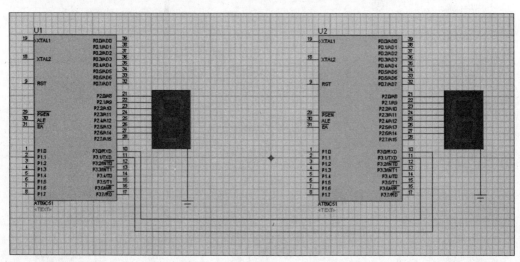

图 7-26　第 8 题显示的原理图

单片机 1 端代码:

```
#include<reg51.h>
char LED[]={0x39,0x6d,0x06};        //C、5、1 的七段码
void delay(unsigned int t)          //延迟子程序
{
    unsigned int i,j;
    for(i=0;i<10000;i++)
    {
        for(j=0;j<t;j++){}
```

```
        }
}
void main()
{
    int k=0;
    int num;                              //荧光数码管数组标记
    TMOD=0X20;                            //采用定时方式2(8位计数)
    TH1=TL1=_0xe8_;                       //波特率设定为1200bps
    PCON=_0_;                             //波特率不加倍
    SCON=_0X50_;                          //串行通信方式1
    TR1=1;
    while(1)
    {
        _SBUF=k_;                         //装载数据
        while(!TI){};
        TI=0;
        while(!RI){};
            RI=0;
        _num=SBUF_;
        P2=LED[num];                      //显示在七段荧光数码管上
        k++;
        if(k==5)
        {
            k=0;
        }
        delay(3);
    }
}
```

单片机2端代码:

```
#include<reg51.h>
char LED[]={0x76,0x79,0x38,0x38,0x5c};    //HELLO的七段码
void delay(unsigned int t)                //延迟子程序
{
    unsigned int i,j;
    for(i=0;i<10000;i++)
    {
        for(j=0;j<t;j++){}
    }
}
void main()
{
    int k=0;
    int num;                              //荧光数码管的数组标记
    TMOD=0X20;                            //采用定时方式2(8位计数)
    TH1=TL1=_0xe8_;                       //波特率设定为1200bps
    PCON=0;                               //波特率不加倍
    SCON=0X50;                            //串行通信方式1
    TR1=1;
```

```
    while(1)
    {
        while(!RI){};
            RI=0;
        num=SBUF;
        P2=LED[num];                    //显示在七段荧光数码管上
        SBUF=k;                          //装载数据
        while(!TI){};                    //发送
        TI=0;
        k++;
        if(k==3)
        {
            k=0;
        }
        delay(3);
    }
}
```

第8章　单片机接口技术

本章重点

- 单片机的系统总线概念，以及与此相关的简单并行 I/O 口扩展。
- 液晶显示屏的基础原理及使用。
- 模数转换和数模转换原理与接口技术。
- 单片机开关量功率接口技术。

学习目标

- 了解单片机的系统总线的连接方式、接口芯片的地址译码方法。
- 了解计算机系统设计中常用的液晶显示屏的基础原理及软件实现方法。
- 了解数模和模数转换原理、接口技术及软件实现方法。
- 了解单片机 I/O 口的光电隔离与功率驱动设计等内容。

51 单片机中集成了 CPU、I/O 口、定时器、中断系统、存储器等计算机的基本部件，外电源、复位电路和时钟单路等简单的辅助电路即构成一个能够正常工作的最小系统，在较为简单的应用场景下，单片机的最小系统就能满足需求。但很多情况下，单片机的内部功能有限，不能满足应用系统的要求，此时便需要扩展。

8.1　单片机的系统总线

8.1.1　单片机的三总线结构

总线（Bus）是计算机内部 CPU、内存、输入、输出等设备传递信息的公用通道，它是由导线组成的传输线束，主机的各个部件通过它相连接，外部设备通过相应的接口电路再与总线相连接，从而形成了计算机硬件系统。按照计算机所传输的信息种类，计算机的总线可以划分为地址总线（Address Bus）、数据总线（Data Bus）及控制总线（Control Bus），分别用来传输数据、数据地址和控制信号。

为了减少引脚数量，MCS-51 系列单片机的扩展总线中，数据线和地址线采用了分时复用技术，为了将数据信号与地址信号分离，还需要在单片机的外部增加一个接口芯片，MCS-51 单片机引脚对应的系统总线信号如表 8-1 所示。

表 8-1　MCS-51 单片机引脚对应的系统总线信号

引　　脚	对应的总线信号	信　号　含　义
P0 口锁存输出	A0～A7	地址总线低 8 位
P2 口	A8～A15	地址总线高 8 位
P0 口	D0～D7	8 位数据总线

引　　脚	对应的总线信号	信　号　含　义
ALE	ALE	控制信号,地址锁存使能
$\overline{PSEN}$	$\overline{PSEN}$	控制信号,程序存储器 ROM 使能,低电平有效
$\overline{EA}$	$\overline{EA}$/VPP	控制信号,外部访问使能,低电平有效
$\overline{WR}$	$\overline{WR}$(P3.6)	控制信号,写信号,低电平有效
$\overline{RD}$	$\overline{RD}$(P3.7)	控制信号,读信号,低电平有效

从表 8-1 可以看出,P0 口除了作一般 I/O 口外,还可以分时复用传送地址总线信号的低 8 位(A0~A7)和数据总线信号(D0~D7),它在某一时刻传送的是低 8 位地址信号还是数据信号由 ALE 引脚的电平状态指明。P2 口除了作一般 I/O 口外,还可传输地址总线信号的高 8 位(A8~A15)。其他系统总线信号都为控制信号,在执行不同指令时,随硬件产生。实际使用时,通过外接一个 8 位锁存器,可以实现地址信号和数据信号分离。

8.1.2　地址锁存原理及实现

所谓锁存器,就是输出端的状态不会随输入端的状态变化而变化,仅在有锁存信号时输入的状态被保存并输出,直到下一个锁存信号到来时才改变。常用的锁存器有 74HC373、74LS373、5LS373 等,统称为 74373。本章中采用 74HC373,其引脚分布图如图 8-1 所示。

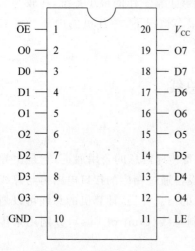

图 8-1　74HC373 引脚图

74373 由 8 个负边沿触发的 D 触发器和 8 个三态门组成,其中 $\overline{OE}$ 为三态门的控制端。当 $\overline{OE}$ 为低电平时三态门导通,D 触发器的 $\overline{Q}$ 端与片外输出端(1Q~8Q)取反后接通。当 $\overline{OE}$ 为高电平时三态门为高阻状态,$\overline{Q}$ 端与片外输出端(1Q~8Q)断开。因此,若无须输出控制则可将 $\overline{OE}$ 接地。

LE 端为 D 触发器的输入端。当 LE 为高电平时,D 端与 $\overline{Q}$ 端接通;LE 由高电平向低电平负跳变时,$\overline{Q}$ 端锁存 D 端数据;LE 为低电平时,$\overline{Q}$ 端则与 D 端隔离。可见,如果在 LE 端接入一个正脉冲信号,便可以实现地址锁存功能。

简言之,LE 是输出端状态改变使能端,当 LE 为低电平时,输出端 Q 始终保持上一次存储的信号;当 LE 为高电平时,Q 紧随 D 的状态变化,并将 D 的状态锁存。

可以让 74373 的 LE 端接单片机的 ALE 引脚,利用 ALE 引脚提供触发信号。一个典型的地址/数据接口电路如图 8-2 所示。

故在 74373 和 ALE 的配合下,P0 口便实现了分时输出低 8 位地址和输入输出 8 位数据的功能。

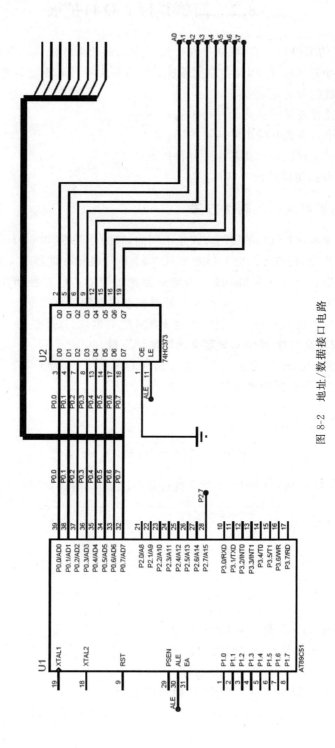

图 8-2 地址/数据接口电路

8.2 简单并行 I/O 口扩展

51 单片机的 I/O 口不多,特别是在扩展了存储器的单片机应用系统中,只有 P1 和 P3 的一部分可用于输入输出,因此在应用系统设计过程中不可避免地要进行 I/O 口的扩展。

I/O 口扩展的分类:

(1) 采用锁存或缓冲功能的并行扩展;

(2) 采用串口方式 0 的串并转换扩展;

(3) 采用可编程控制功能芯片的并行扩展。

本节主要介绍简单并行 I/O 口扩展。

8.2.1 访问扩展端口的软件方法

不同的处理器对 I/O 口的访问方式是不同的,有的处理器(如 80x86 系列 CPU)访问 I/O 口采用专门的指令,还有专门的 I/O 控制线。51 单片机把存储器和 I/O 口统一编址,使用相同的读写指令。与片外 RAM 统一编址是指把扩展的 I/O 口挂接在片外数据存储器空间,因而 I/O 口的输入输出指令也就是片外数据存储器的读写指令。

C51 语言可以使用多种方法进行片外 RAM 绝对地址的访问。

1. 采用宏定义文件 absacc.h 定义绝对地址变量

宏定义文件 absacc.h 中包含绝对地址访问的函数原型,为了以字节形式对 xdata 存储空间寻址,需要在程序开始处添加如图 8-3 所示的语句。

```
# include <absacc.h>
# define 端口变量名 XBYTE[地址常数]
```

图 8-3　需要在程序开始处添加的语句

例如,欲对片外 RAM 0x1100 单元进行数据读操作,程序如图 8-4 所示。

```
# include <absacc.h>          // 包含头文件
# define port XBYTE[0x1100] //将片外RAM 0x1100 单元定义为端口变量port
void main(void) {
    unsigned char data;
    data = port;              // 将0x1100 中的数据读入 data中
    // 其他程序
}
```

图 8-4　对片外 RAM 0x1100 单元进行数据读操作

2. 采用指针访问片外 RAM 绝对地址

采用指针可以对任意的存储器地址进行操作,例如,对片外 RAM 0x1100 单元进行写操作,如图 8-5 所示。

3. 采用_at_关键字访问片外 RAM 绝对地址

使用_at_关键字可对指定存储器空间的绝对地址进行定位,但使用_at_定义的变量只能是全局变量,如图 8-6 所示。

```
void main(void) {
    unsigned char xdata* pd;
    pd = 0x1100;      // 使指针pd指向存储器地址0x1100
    *pd = 0x2f        // 将数据0x2f送到指针pd指向的0x1100单元
    // 其他程序
}
```

图 8-5　采用指针访问片外 RAM 绝对地址

```
unsigned char xdata arr[0x10] _at_ 0x1100;
// 在片外RAM 0x1100处定义一个有0x10个元素的char型数组变量arr
```

图 8-6　采用_at_关键字访问片外 RAM 绝对地址

8.2.2　具有锁存功能的并行输出接口的扩展

在实际应用中经常会遇到开关量、数字量的输入输出，如开关、键盘、液晶显示器等外设，主机可以随时与这些外设进行信息交换。在这种情况下，只要按照"输入三态，输出锁存"的原则与总线相连，选择 74LS 系列的 TTL 或 MOS 电路即能组成简单的 I/O 扩展接口。常用于输出端扩展的芯片有 74273、74373、74573、74574 等。下面将以 74273 为例介绍输出端的扩展接口。

74273 的外部引脚与内部逻辑关系如图 8-7 所示。

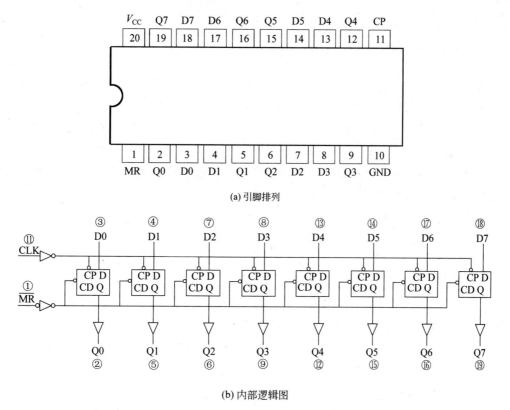

(a) 引脚排列

(b) 内部逻辑图

图 8-7　74273 的外部引脚图与内部逻辑图

74LS273 是一种带清除功能的 8D 触发器,D0～D7 为数据输入端,Q0～Q7 为数据输出端,正脉冲触发,低电平清除。一般情况,不需要控制输出端清"0"时,可将清"0"的控制端 $\overline{\text{MR}}$ 接 V_{cc}。故 74LS273 一般的接线关系为,D0～D7 接单片机的 P0 口,Q0～Q7 接外设输入端,CLK 接可产生负脉冲信号的控制端。

【例 8-1】 利用两片 74273 芯片设计单片机输出电路,将 P0 口扩展成 16 位并行输出口,使外接的 16 个发光二极管中按初始值 1010101001010101B,之后每个发光二极管状态与上次相反(若发光二极管上次亮,则本次灭)的规律循环发光。

解:要使两片 74273 锁存输出不同的数据,可以给每片 74273 的 CLK 端施加由不同地址信息与负脉冲合成的时钟信号。电路原理图如图 8-8 所示。

在图 8-4 中,每片 74273 的 CLK 端各连一片或门,两片或门共用 $\overline{\text{WR}}$ 信号线。P2.7 和 P2.6 作为地址线,分别连接或门。当 P2.6＝0、P2.7＝1 时,或门 U4:A 输出端连接的 U2 的 CLK 可出现 $\overline{\text{WR}}$ 负脉冲,则 U2 将锁存 P0 口的数据;当 P2.7＝0、P2.6＝1 时,或门 U4:B 输出端连接的 U3 的 CLK 可出现 $\overline{\text{WR}}$ 负脉冲,则 U3 将锁存 P0 口的数据;这样就实现了两片 74273 锁存输出不同的数据。

本例中,U2 的选通地址为 01xxxxxxxxxxxxxx(只需要保证 P2.6 为 0、P2.7 不为 0 即可),U3 的选通地址为 10xxxxxxxxxx(只需要保证 P2.7 为 0、P2.6 不为 0 即可),其余通常为 1。程序如图 8-9 所示。

Proteus 仿真效果图如图 8-10 所示。

8.2.3 具有缓冲功能的并行输出接口扩展

可采用 74244、74245 等具有三态缓冲功能的芯片实现单片机的输入接口扩展。下面以 74244 为例介绍 51 单片机的输出端口扩展。74LS244 的内部逻辑如图 8-11 所示。

由 74244 内部逻辑图可知,74244 内部有 8 路三态门电路,分为两组。每组由一个选通端 1$\overline{\text{G}}$ 或 2$\overline{\text{G}}$ 控制 4 只三态门。当选通信号为低电平时,三态门导通,数据从 A 端流到 Y 端。与之相反,当选通信号 1$\overline{\text{G}}$ 和 2$\overline{\text{G}}$ 为高电平时,三态门截止,输入和输出端之间为高阻态。通常情况下,选通端 1$\overline{\text{G}}$ 或 2$\overline{\text{G}}$ 接在可以提供低电平信号的元件端,输入端 A 接在外部输入设备的输出端,输出端 Y 接在单片机的 I/O 口处。

【例 8-2】 如图 8-12 所示,利用 74273 及 74244 等芯片实现监控发光二极管,初始状态发光二极管都不亮,当有按键被按下时,对应的发光二极管亮起,直到有新的按键被按下。

解:如图 8-7 所示,P0 口通过 74273 芯片被扩展为 8 路输出端口,其时钟信号由 P2.0 和 $\overline{\text{WR}}$ 合成得到,根据例 8-1 可知,74273 的地址为 xxxxxxx0xxxxxxxx,故可以取地址 0xFEFF;P0 口通过 74244 芯片被扩展为 8 路输入端口,其选通信号由 P2.0 和 $\overline{\text{RD}}$ 合成得到,同理,地址为 xxxxxxx0xxxxxxxx,故可以取地址 0xFEFF。这里使用了相同的地址,却不会产生冲突,其原因在于前者的选通是因 $\overline{\text{WR}}$ 的负脉冲所致,而后者是由 $\overline{\text{RD}}$ 的低电平所致。参考程序如图 8-13 所示。

例 8-2 效果图如图 8-14 所示。

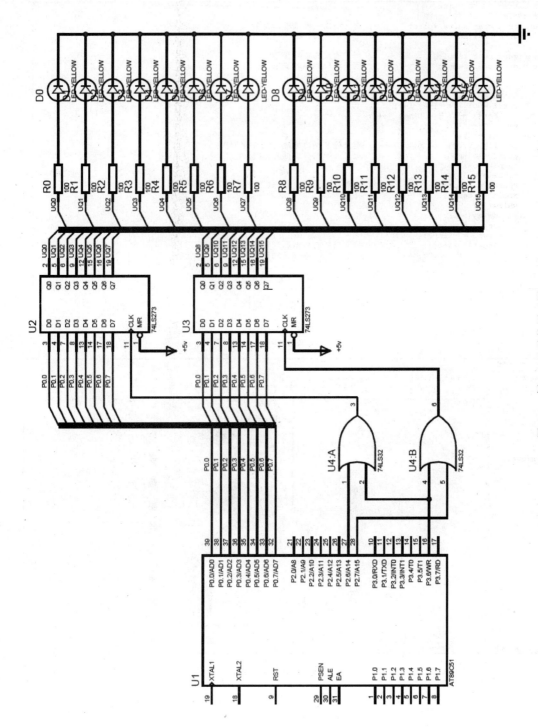

图 8-8 例 8-1 显示的原理图

```c
# define U2 XBYTE[0x7FFF]
# define U3 XBYTE[0xBFFF]
unsigned char xdata *port1;        // 定义访问的外部端口变量
unsigned char xdata *port2;        // 定义访问的外部端口变量

unsigned char temp1;               // 用于取反的临时变量
unsigned char temp2;               // 用于取反的临时变量

void delay(unsigned char time){
    unsigned char i, j;
    for(i = 0; i < time; i++)
        for(j = 0; j < time; j++);
}
void main(void){
    port1 = 0x7FFF ;               // 定义外部端口地址为0x7fff
    port2 = 0xBFFF ;               // 定义外部端口地址为0xbfff
    temp1 = 0xAA;
    temp2 = 0x55;
    *port1 = temp1;                // 将数据1010 1010送到外部端口
    *port2 = temp2;                // 将数据0101 0101送到外部端口
    while(1){
        delay(500);                // 延迟
        temp1 = ~temp1;
        temp2 = ~temp2;
        *port1 = temp1;            // 将取反后的数据送到外部端口
        *port2 = temp2;            // 将取反后的数据送到外部端口
    }
}
```

图 8-9 例 8-1 程序

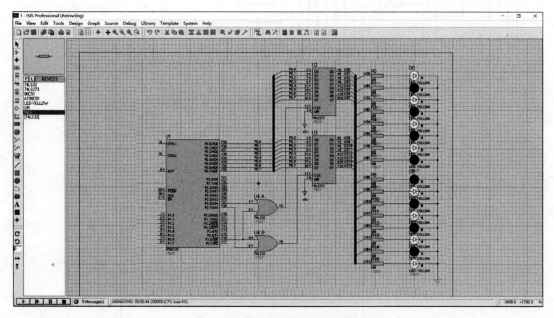

图 8-10 例 8-1 显示的运行结果

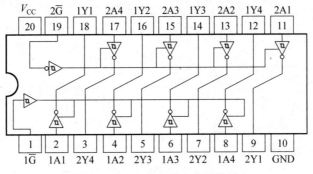

图 8-11　74LS244 的内部逻辑图

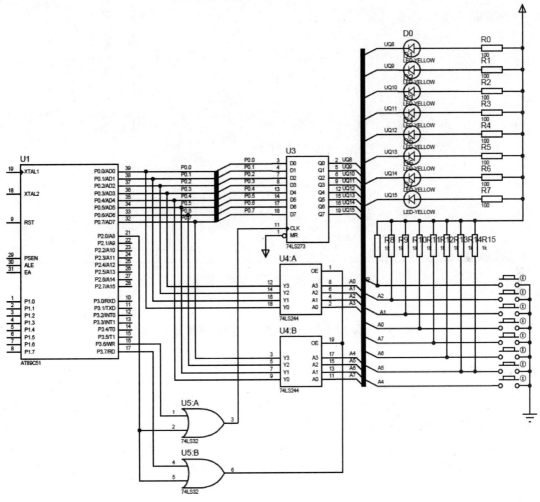

图 8-12　例 8-2 显示的原理图

```
#include <reg51.h>
unsigned char xdata *port;      // 定义访问端口外部变量
void main(void) {
    unsigned char temp;
    port = 0xfeff;              // 定义外部端口地址
    *port = 0xff;              // 初始化为启动时灯全灭
    while(1){
        temp = *port;          // 从74244端口读取数据
        if(temp != 0xff)       // 如果有按键按下
            *port = temp;      // 键值送到74273
    }
}
```

图 8-13　例 8-2 参考程序

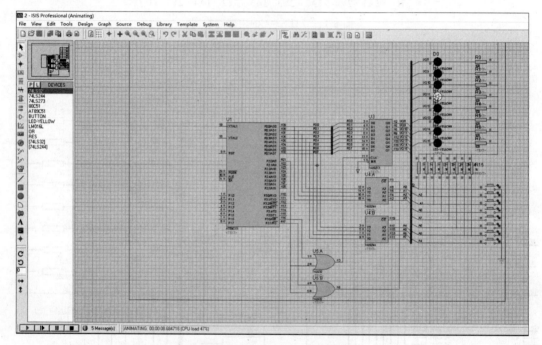

图 8-14　例 8-2 显示的运行结果

8.3　液晶显示屏的基础原理及使用

8.3.1　概述

　　液晶显示屏(Liquid Crystal Display,LCD)的工作原理是利用液晶的物理特性,通过电压对其显示区域进行控制,即可以显示出图形。

　　LCD 在日常生活中使用得非常广泛,种类也非常多,本节主要以 LCD1602 为例,介绍 LCD 的基本使用。LCD1602 是指显示的内容为 16×2,即可以显示 2 行,每行 16 个字符的液晶显示屏(显示字符和数字)。LCD1602 的原理图如图 8-15 所示。

　　如图 8-15 所示,LCD1602 一共 16 个引脚,其中引脚 1 直接接地,引脚 2 接 V_{cc},引脚 3 接在一个滑动变阻上再与地相接,它是液晶显示屏对比度调整端,接正电源时对比度最弱,接地时对比度最高,对比度过高时会产生"鬼影",使用时可以通过一个 $10k\Omega$ 的电位器调整

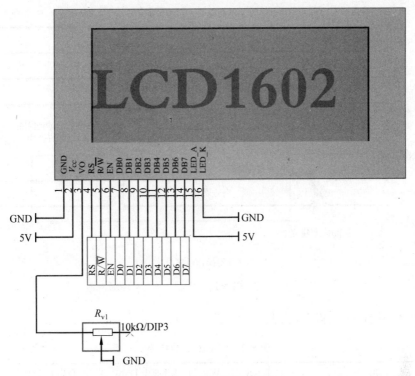

图 8-15　LCD1602 原理图

对比度。引脚 4(RS)为寄存器选择,高电平时选择数据寄存器,低电平时选择指令寄存器,通过给 RS 设置不同的值来告诉 LCD 究竟给它发送数据还是发送指令。引脚 5($R/\overline{W}$),当 $R/\overline{W}$ 为低电平时通知 LCD 单片机要向其写入数据,当 $R/\overline{W}$ 为高电平时,通知 LCD 单片机将要向其读取数据。引脚 6(EN)是使能信号,当给 EN 一定宽度的脉冲时,LCD1602 开始正常执行。引脚 7~14 为数据写入端,可接单片机的数据输出口。LCD1602 读写操作时序如图 8-16 所示。

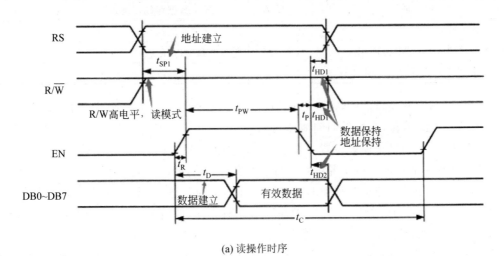

(a) 读操作时序

图 8-16　LCD1602 的读写操作时序

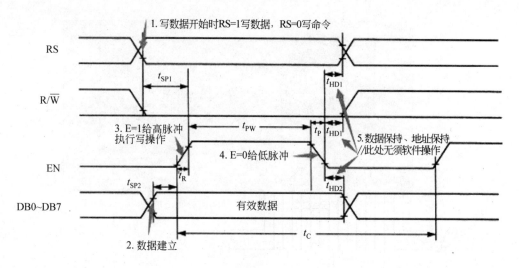

(b) 写操作时序

图 8-16 （续）

LCD1602 共有 11 条指令，如表 8-2 所示。

表 8-2　LCD1602 的指令

序号	指令	RS	R/$\overline{W}$	D7	D6	D5	D4	D3	D2	D1	D0
1	清显示	0	0	0	0	0	0	0	0	0	1
2	光标返回	0	0	0	0	0	0	0	0	1	*
3	置输入模式	0	0	0	0	0	0	0	1	I/D	S
4	显示开/关控制	0	0	0	0	0	0	1	D	C	B
5	光标或字符移位	0	0	0	0	0	1	S/C	R/L	*	*
6	置功能	0	0	0	0	1	DL	N	F	*	*
7	置字符发生存储器地址	0	0	0	1	字符发生存储器地址					
8	置数据存储器地址	0	0	1	显示数据存储器地址						
9	读忙标志或地址	0	1	BF	计数器地址						
10	写数到(CGRAM 或 DDRAM)	1	0	要写的数据内容							
11	从 CGRAM 或 DDRAM 读数	1	1	读出的数据内容							

指令 1：清空液晶显示屏，指令码 01H，光标复位到地址 00H 位置（显示器的左上方）。

指令 2：光标复位，光标返回到地址 00H。

指令 3：光标和显示模式设置。其中 I/D 为光标移动方向，高电平右移，低电平左移；S 为屏幕上所有文字是否左移或者右移。高电平表示有效，低电平则无效。

指令 4：显示开关控制。其中 D 为控制整体显示的开与关，高电平表示开显示，低电平表示关显示；C 为控制光标的开与关，高电平表示有光标，低电平表示无光标；B 为控制光标是否闪烁，高电平闪烁，低电平不闪烁。

指令 5：光标或显示移位。其中 S/C 为高电平时移动显示的文字，低电平时移动光标。

指令 6：功能设置命令。其中 DL 为高电平时为 4 位总线，低电平时为 8 位总线；N 为低电平时为单行显示,高电平时双行显示;F 为低电平时显示 5×7 的点阵字符,高电平时显示 5×10 的点阵字符。

指令 7:字符发生器 RAM 地址设置。

指令 8:DDRAM 地址设置。

指令 9:读忙信号和光标地址。其中 BF 为忙标志位,高电平表示忙,此时模块不能接收命令或者数据;低电平表示不忙。

指令 10:写数据。

指令 11:读数据。

LCD1602 的使用大致可分为 LCD1602 初始化;LCD1602 确定显示位置;向 LCD1602 中传入需要显示的内容。下面将依次介绍。

8.3.2 液晶显示屏的使用

1. LCD1602 初始化

LCD1602 初始化大致有以下几项。显示开关、显示控制,例如打开显示开关,显示光标,光标闪烁,可以写入指令 0x0F;设置 16×2 显示,5×7 点阵,8 位数据接口,这是固定指令 0x38;读写字符后地址指针+1,光标+1,屏幕不移动之指令为 0x06;清屏指令为 0x01;设置数据地址指针从第几个位置开始,若设置 0x80 则表示从第一行第一个位置开始(下文会说明原因)。

2. LCD1602 确定显示位置

LCD1602 RAM 内部映射如图 8-17 所示。

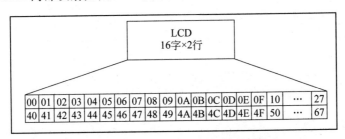

图 8-17　LCD1602 RAM 内部映射图

从图 8-17 可以看到,一共两行,00~0F 和 40~4F 刚好与 LCD1602 的 32 个空格对应。可见,液晶模块的显示位置是通过这个表格对应的码值来确定的。例如第二行第一个字符的地址是 40H,是不是它的地址就是 40H 了? 注意,图 8-2 中第 8 条数据存储地址,D7 已经被写死了。最终的显示地址应该是 40H+10000000B(40H+80H),因此只要把这个值作为命令写入 LCD1602 中,这样 LCD1602 就知道在第二行第一个位置显示了。

3. 向 LCD1602 中传入需要显示的内容

向 LCD1602 中传入需要显示的数据非常简单,只需要依次通过单片机的输出端口将待显示字符的 ASCII 码传入 LCD1602 的数据输入端即可。

【例 8-3】　利用所学知识使 LCD1602 显示两行字符(每行不多于 16 个字符)。

解:根据上面关于 LCD1602 的介绍,电路图如图 8-18 所示。

根据电路图可得图 8-19 所示的程序。

运行效果图如图 8-20 所示。

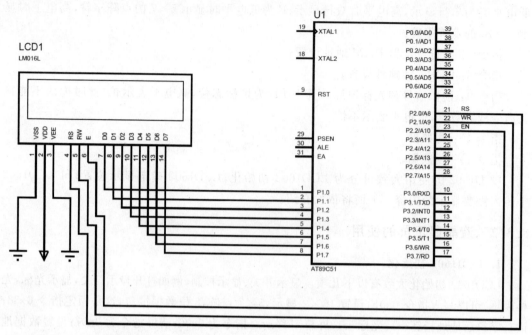

图 8-18　例 8-3 显示的 LCD 原理图

glocal. h

```
// glocal.h
#define uchar unsigned char
#define uint unsigned int
```

lcdtest.h

```
// lcdtest.h
#define DATA_PORT P1
//-------------------------------------
//              引脚定义
//-------------------------------------
sbit RS=P2^0;      //数据(L)/命令(H)选择
sbit LCDRW=P2^1;   //写，低电平有效
sbit EN=P2^2;      //使能,低电平有效
//=====================================
//              函数声明
//-------------------------------------
void delay_lcd(char);
void write_data(char);
void write_cmd(char);
void lcd_init();
void delay_ms(char);
void print_string(char*);
//-------------------------------------
//              写数据函数
//-------------------------------------
void write_data(char dat){
    RS=1;              //数据
    LCDRW=0;           //写
    DATA_PORT=dat;     //把数据送到P口
    delay_ms(5);       //当晶振较高时加延迟
    EN=1;
    delay_ms(5);       //当晶振较高时加延迟
    EN=0;              //关使能
}
```

图 8-19　例 8-3 的参考程序

```
//------------------------------------------------
//              写命令函数
//------------------------------------------------
void write_cmd(char com){
    RS=0;                   //  表示写入的是命令
    LCDRW=0;                //  表示要向LCD写入内容
    DATA_PORT=com;          //  将内容写入LCD
    delay_ms(5);            //  当晶振较高时加延迟
    EN=1;                   //  使能信号，使LCD开始执行
    delay_ms(5);            //当晶振较高时加延迟
    EN=0;                   //  使能信号，LCD不执行
}
//------------------------------------------------
//              1602初始化函数
//------------------------------------------------
void lcd_init(){
    LCDRW=0;
    RS=0;
    write_cmd(0x0F);        //开显示,显示光标,闪烁
    write_cmd(0x38);        //00111000 设置16×2显示,5×7点阵,8位数据接口
    write_cmd(0x06);        //读写字符后地址指针+1,光标+1,屏幕不移动
    write_cmd(0x01);        //清屏
    write_cmd(0x80);        //设置数据地址指针从第一个开始
}
void print_string(char* str){
    int i;
    for(i=0;str[i]!= '\0';i++)
    {
        write_data(str[i]);
    }
}
//------------------------------------------------
//              延迟函数
//------------------------------------------------
void delay_ms(uchar t){
    int j;
    for(;t!=0; t--)
        for(j=0;j<255;j++);
}
```

main.c

```
// main.h
#include<reg51.h>
#include "glocal.h"
#include "lcdtest.h"                     // 引入自定义头文件
void main(void){
    lcd_init();                          // 初始化LCD
    print_string("Hello World!");        // 显示 "Hello World!"
    write_cmd(0xC0);                     // 第一行的起始为0x80，第二行为 0x80 + 0x40 = 0xc0
    print_string("Wlecome to LCD");      // 显示 "Wlecome to LCD"
    while(1);
}
```

图 8-19 （续）

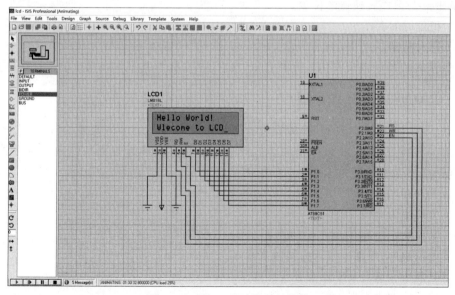

图 8-20　例 8-3 显示的运行结果

8.4 数模转换芯片 DAC0832

数模转换器(Digital to Analog Converter,DAC)是一种将二进制数字量形式的离散信号转换成以标准量(或参考量)为基准的模拟量的转换器。其与模数转换器(Analog to Digital Converter)正好相反。在单片机中测控系统经常要用到这两种转换器。它们的功能机器实时控制系统的应用如图 8-21 所示。

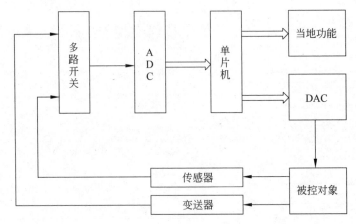

图 8-21　单片机和被控对象间的接口示意图

在数模转换中,要将数字量转化为模拟量,首先要把每一位代码按照其"权"的大小转换成相应的模拟量,然后将各分量相加,其综合就是与数字量相对应的模拟量,这就是数模转换的基本原理。

数模转换器的主要性能指标如下。

(1) 分辨率。分辨率反映了数模转换器对模拟量的分辨能力,定义为基准电压与 2^n 的比值,其中 n 为数模转换器的位数。

(2) 稳定时间。

(3) 绝对精度。

在数模转换器中以具有代表性的 DAC0832 为例,介绍其工作原理及单片机接口方法。

8.4.1　DAC0832 的工作原理

DAC0832 是 8 分辨率的数模转换集成芯片。该芯片由于价格低廉、接口方式简单、转换控制容易等特点,在单片机中得到了广泛应用。数模转换器是由 8 位输入锁存器、8 位 DAC 寄存器、8 位数模转换电路及转换控制电路组成。

1. DAC0832 的主要参数

(1) 分辨率为 8 位。

(2) 电流稳定时间 $1\mu s$。

(3) 可单缓冲、双缓冲或者直接数字输入。

(4) 只需要在满量程下调整其线性度。

(5) 单一电源供电(5~15V)。

(6) 低功耗,20mW。

2. DAC0832 具有 3 种形式的输出方式

(1) 运算放大器。运算放大器有 3 个特点。

① 开环放大倍数非常高,一般为几千,甚至可以高达 10 万。在一般情况下,运算放大器所需要的输入电压非常小。

② 输入阻抗非常大。运算放大器工作时,输入端相当于加了很小的电压在一个很大的输入阻抗上,所需要的输入电流也非常的小。

③ 输出阻抗很小,驱动能力非常大。

(2) 由电阻网络和运算放大器构成的数模转换器。利用运算放大器各输入电流相加的原理,可以构成如图 8-22 所示的由电阻网络和运算放大器组成的、最简单的 4 位数模转换器。图中,V_0 连接一个标准电源。运算放大器输入端的各支路对应待转换的数据的 $D_0 \sim D_{n-1}$ 位。各输入支路中的开关由对应的数字元值控制。如果数字元为 1,则对应开关闭合;如果为 0,则对应开关断开。各输入支路中的电阻分别为 R、$2R$、$4R\cdots$,这些电阻称为权电阻。

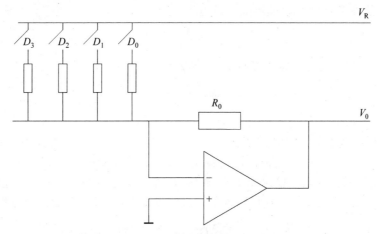

图 8-22 由电阻网络和运算放大器构成的 D/A 转换器

假设输入端有 8 条支路,8 条支路的开关从全部断开到全部闭合,运算放大器可以得到 256 种不同的电流输入。这就是说,通过电阻网络可以把 00000000B～11111111B 转换成大小不等的电流,从而在运算放大器的输出端得到相应的大小不同的电压。如果数字 00000000B 每次增加 1,一直变化到 11111111B,那么在输出端就可以得到 $0 \sim V_0$ 电压幅度的阶梯波形。

(3) 采用 T 形电阻网络的数模转换器。从图 8-23 上可以看出,在数模转换中采用独立的权电阻网络,对于 8 位二进制数的数模转换器就需要 R、$2R$、$4R$、……、$128R$ 共 8 个不等的电阻。最大电阻的阻值是最小电阻的 128 倍,对于电阻精确性要求非常高,不利于制造。所以该方案并不实用。

在 DAC 电路结构中,最简单且实用的是采用 T 形电阻网络来代替单一的权电阻网络,整个电阻网络只需要 R 和 $2R$ 两种电阻。在集成电路中,所有的组件都在同一芯片上,电阻的特性可以做得很相近,精度与误差的问题可以得到有效解决。图 8-23 就是一个采用 T 形网络的 8 位数模转换器。

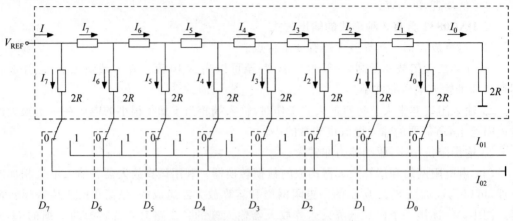

图 8-23 采用 T 形网络 D/A 转换原理图

虚线框内是由 R 和 $2R$ 组成的电阻网络,这种电阻网络,无论从哪个结点看,等效电阻都是 R。因此从参考电压 V_{REF} 端形成的总电流 I 为

$$I = \frac{V_{REF}}{R}$$

支路电流 I_i 与其所在支路位置有关,具体大小为

$$I_i = \frac{I}{2^{n-1}}$$

其中,$n=8$,$i=0\sim7$。

8 位元待转换数据分别控制 8 条支路中开关的倒向。在每一条支路中,如果数据为 0,开关倒向左边,支路中的电流就流向电流输出端 I_{02}(内部接地);如果数据为 1,开关倒向右边,支路中的电流就流向电流输出端 I_{01}。显然,I_{01} 中的总电流与"逻辑开关"位 1 的各支路电流的总和成正比,即与 $D_0\sim D_7$ 口输入的二进制数成正比,其简单的推导过程为

$$I_{01} = \sum_{i=0}^{n-1} D_i I_i = \sum_{i=0}^{n-1} D_i \frac{I}{2^{n-1}} = \sum_{i=0}^{n-1} D_i \frac{V_{REF}}{2^{n-1}R}$$

$$= (2^7 D_7 + 2^6 D_6 + \cdots + 2^1 D_1 + 2^0 D_0) \frac{V_{REF}}{256R}$$

$$= B \cdot \frac{V_{REF}}{256R}$$

由此可见 DAC0832 是电流输出型,转换结果取决于参考电压 V_{REF}、带转换的数字量 B 和电阻网络 R。若在此基础上外接运算放大器,则可以将输出电流 I_{01} 转换为输出电压 V_o。DAC0832 的电压转换原理如图 8-24 所示。

由图 8-24 可知,采用反向运算放大后,输出电压为

$$V_o = -I_{01} R_{FB} = -B \cdot \frac{V_{REF}}{256R} R = -B \cdot \frac{V_{REF}}{256}$$

这表明,将反馈电阻 R_{FB} 取值为 R,转换电压会正比于 V_{REF} 和 B。输入数字量为 0 的时候,V_o 也为 0V;输入数字两位 0xFF 时 V_o 为最大负值。

8.4.2 DAC0832 与单片机的接口及编程

DAC0832 是一款 8 位双缓冲器数模转换器,芯片内带有输入锁存器,可以与数据总线

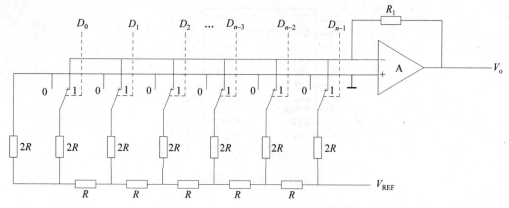

图 8-24　DAC0832 电压转换原理图

直接相连。其采用 CMOS 工艺制成的 20 引脚双列直插式 8 位 DAC,工作电压为 5～15V,参考电压为-10～10V。其内部结构如图 8-25 所示。

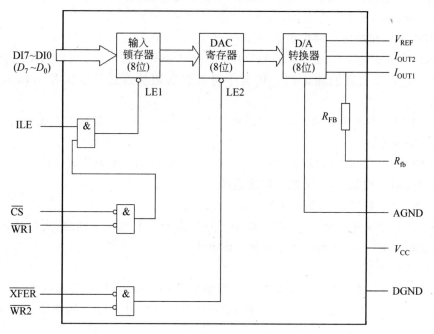

图 8-25　DAC0832 内部结构图

1. DAC0832 的引脚

DAC0832 的引脚如图 8-26 所示。

2. DAC0832 各引脚功能

(1) CS:片选信号,和允许锁存信号 ILE 组合来决定是否起作用,低有效。

(2) ILE:允许锁存信号,高有效。

(3) WR1:写信号 1,作为第一级锁存信号,将输入资料锁存到输入寄存器(此时,必须和 ILE 同时有效),低有效。

(4) WR2:写信号 2,将锁存在输入寄存器中的资料送到 DAC 寄存器中进行锁存(此

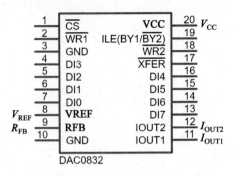

图 8-26　DAC0832 引脚图

时,传输控制信号必须有效),低有效。

(5) $\overline{\text{XFER}}$:传输控制信号,低有效。

(6) DI7~DI0:8 位数据输入端。

(7) IOUT1:模拟电流输出端 1。当 DAC 寄存器中全为 1 时,输出电流最大;当 DAC 寄存器中全为 0 时,输出电流为 0。

(8) IOUT2:模拟电流输出端 2。$I_{\text{OUT1}} + I_{\text{OUT2}} =$ 常数。

(9) RFB:反馈电阻引出端。DAC0832 内部已经有反馈电阻,所以,RFB 端可以直接接到外部运算放大器的输出端。相当于将反馈电阻接在运算放大器的输入端和输出端之间。

(10) VREF:参考电压输入端。可接电压 V_{REF} 为 ±10V。外部标准电压通过 $\overline{\text{VREF}}$ 与 T 形电阻网络相连。

(11) VCC:芯片供电电压端。电压 V_{CC} 为 5~15V,最佳工作状态是 15V。

(12) AGND:模拟地,即模拟电路接地端。

(13) DGND:数字地,即数字电路接地端。

采用输入锁存器和 DAC 寄存器二级锁存可增强信号处理的灵活度,可以让用户根据实际需要采取直通、单缓冲和双缓冲 3 种工作方式。

3. 3 种工作方式

(1) 直通方式。直通方式下,所有 4 个控制端都接低电平,ILE 接高电平。数据量从 DI0~DI7 输入,就可以通过输入锁存器和 DAC 寄存器直接到达 D/A 转换器。直通方式时一般采取 I/O 方式接口线。

【例 8-4】 根据图 8-27 所示的电路原理图,编程实现由 DAC0832 输出一路锯齿波。

参考程序如图 8-28 所示。

程序运行波形图如图 8-29 所示。

(2) 单缓冲方式。单缓冲方式是指 DAC0832 内部的输入锁存器和 DAC 寄存器有一个处于直通方式,另一个处于受 MCS-51 控制的锁存方式。在现实生活中,如果只有一路模拟量输出,或者虽然有多路模拟量输出但是并不要求多路输出同步,此时就可以采用单缓冲方式。

【例 8-5】 根据图 8-30 电路原理图,编程实现由 DAC0832 输出一路锯齿波。

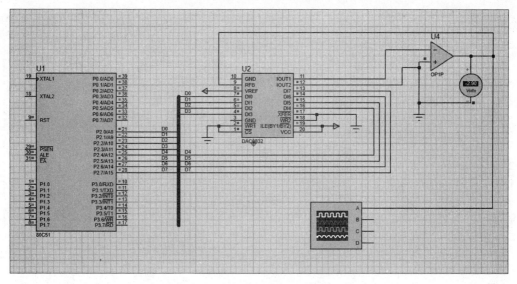

图 8-27　例 8-4 显示的原理图

```
1  //直通方式生成锯齿波
2  #include<reg51.h>
3  void main(void){
4  unsigned char num;
5    while(1){
6      for(num =0; num<=255;num++)
7      {
8
9        P2=num;   //将数据送入DAC0832
0
1      }
2    }
3  }
```

图 8-28　例 8-4 的参考程序

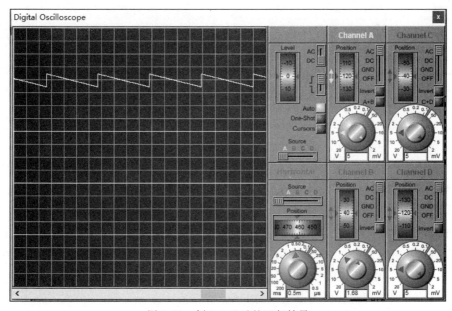

图 8-29　例 8-4 显示的运行结果

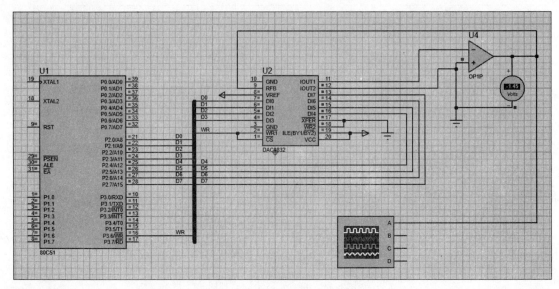

图 8-30　例 8-5 显示的原理图

解：如图 8-30 所示，$\overline{WR2}$和$\overline{XFER}$接地，所以 DAC 寄存器处于直通方式，ILE 接 VCC，$\overline{CS}$、$\overline{WR1}$ 接单片机 P3.6 $\overline{WR}$引脚，所以输入寄存器处于受控状态。实现代码如图 8-31 所示。

```
//单缓冲方式生成锯齿波
#include<reg51.h>
sbit drv=P3^6;
void main(void){
unsigned char num;
    while(1){
        for(num =0; num<=255;num++)
        {
            drv=0;
            P2=num;   //将数据送入DAC0832
            drv=1;

        }
    }
}
```

图 8-31　例 8-5 代码

程序运行波形图如图 8-32 所示。

（3）双缓冲方式。双缓冲方式可以使两路或多路并行 DAC 同时输出模拟量。在这种方式下，输入寄存器和 DAC 寄存器都需要独立的地址。其在工作室可以在不同时刻把要转换的数据分别锁存在各个输入寄存器中，然后再同时启动多个数模转换器，以此来实现多通道的同步模拟量输出。

【例 8-6】 采用如图 8-33 所示电路原理图，编程实现两路锯齿波的同步发生功能。

解：图中使用 P3.5 和 P3.6 分别与两路数模转换器的$\overline{CS}$、$\overline{WR1}$端相连，用于控制两路数据的输入锁存；两路数模转换器的 ILE 与 V_{cc}相连；单片机的 P3.7 $\overline{RD}$端（两路的$\overline{WR}$端）与$\overline{WR2}$端相连，用于同时控制两路数据的 DAC 寄存器。

程序参考代码如图 8-34 所示。

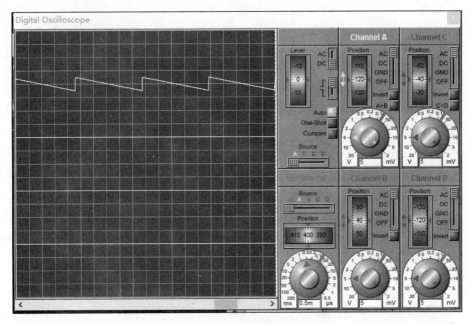

图 8-32　例 8-5 显示的运行结果

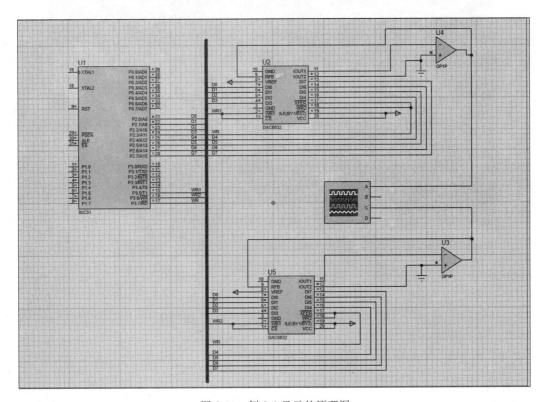

图 8-33　例 8-6 显示的原理图

程序运行结果如图 8-35 所示。

```
#include<reg51.h>
sbit drv1=P3^5;
sbit drv2=P3^6;
sbit drv3=P3^7;
void main(void){
unsigned char num,data1,data2;
   while(1){
      for(num =0; num<=255;num++)
      {
         data1=num;
         drv1=0;
         P2=data1;                //将data1送入1#DAC
         drv1=1;
         data2=255-num;
         drv2=0;
         P2=data2;                //将data2送入2#DAC
         drv2=1;
         drv3=0;                  //两路DAC同时转换输出
         drv3=1;
      }
   }
}
```

图 8-34 例 8-6 的参考代码

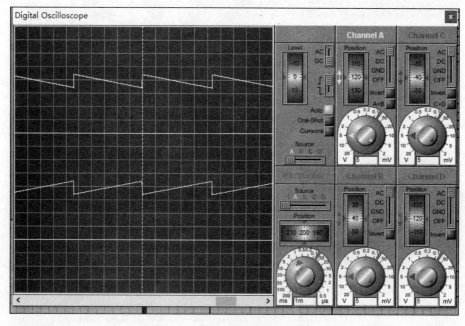

图 8-35 例 8-6 显示的运行结果

8.5 模数转换芯片 ADC0809

8.5.1 逐次逼近式模数转换器的工作原理

模数转换(A/D 转换)就是把模拟信号转换成数字信号。模数转换常用的技术有计数式、逐次逼近式、双积分式、并行、串并行模数转换及 V/F 变换(电压频率式模数转换)等。逐次逼近式模数转换速度较高、功率低,同时精度较高,是目前应用最多的一种。本节仅针对逐次逼近式模数转换中的 ADC0809 芯片介绍其工作原理和接口应用。

逐次逼近式模数转换器由电压比较器、数模转换器、控制逻辑电路、N 位寄存器和锁存缓存器组成,工作原理如图 8-36 所示。

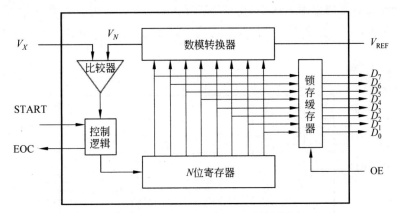

图 8-36　逐次逼近式模数转换器的工作原理

逐次逼近式模数转换是用一系列的基准电压与输入电压进行比较,逐步确定转换后的数据是 1 还是 0,从高位到低位依次进行确定。步骤如下:

(1) 当模拟量信号(V_X)送入比较器后,启动信号(START)通过控制逻辑启动模数转换。控制逻辑使 N 位寄存器的最高位(D_{X-1})置"1",其余位都置"0"。

(2) 经过数模转换后,得到大小为 $1/2V_{REF}$ 的模拟电压 V_N。将 V_N 与 V_X 进行比较,若 $V_X > V_N$,保留 $D_{X-1} = 1$;若 $V_X < V_N$,则 $D_{X-1} = 0$。

(3) 随后控制逻辑使 N 位寄存器次高位置"1",重复步骤(2),确定次高位的值。

(4) 重复步骤(3),直到确定 D_0 位为止,控制逻辑发出转换结束信号(EOC)。此时 N 位寄存器的内容就是模数转换后的数字量数据,在锁存信号(OE)控制下由锁存缓冲器输出。

整个模数转换的过程就像是在天平上用砝码来称物体的质量,通过不断地比较来逐次逼近。ADC0809 就是采用这一工作原理的模数转换芯片。

8.5.2　衡量 ADC 的主要技术指标

1. 分辨率

模数转换器的分辨率是指转换器对输入电压微小变化的分辨能力。一般以转换后输出的二进制数的位数来表示,位数越高,则分辨率也越高。

例:对于 8 位的 ADC,数字输出量的变化范围为 $0 \sim 255$,当输入电压的满刻度为 5V 时,数字量变化一个字所对应输入模拟电压的值 $5V/255 \approx 19.6mV$,则其分辨能力为 19.6mV,在 5V 的同等条件下,面对 12 位的 ADC,分辨能力约为 1.2mV。常用的 ADC 分辨率有 8 位、10 位、12 位、14 位等。本章所学的 ADC0809 的分辨率为 8 位。

2. 转换时间

转换时间为完成一次 ADC 过程所需的时间。它的倒数为转换速率,即每秒转换的次数,常用单位为千次每秒(ksps),表示每秒采样千次数,ADC0809 的转换时间约为 $100\mu s$,相当于 10ksps。

8.5.3 ADC0809 与单片机的接口及编程

ADC0809 是美国国家半导体公司生产的 CMOS 工艺 8 通道、8 位逐次逼近式模数转换器。为双列直插式 28 引脚芯片,工作电压为 5V,低功耗,约 15mW,内部结构如图 8-37 所示。

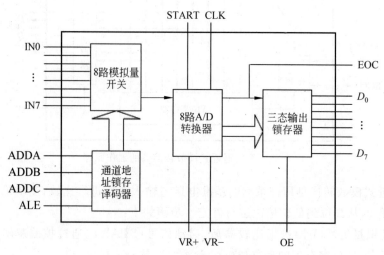

图 8-37 ADC0809 内部结构图

内部由 8 路模拟量开关、通道地址锁存译码器、8 位模数转换器和三态数据输出锁存器组成。IN0~IN7 为 8 路模拟量输入端,ADDA、ADDB、ADDC 为通道选通端,ADDA 为低位,ADDC 为高位。ALE 为选通控制信号,高电平有效,只有 ALE 有效时,才能只有通过这 3 个选通信号的不同电平组合来选择不同的通道,选通端与选中通道的关系如表 8-3 所示。

表 8-3 通道地址表

ADDC	ADDB	ADDA	选中通道	ADDC	ADDB	ADDA	选中通道
0	0	0	IN0	1	0	0	IN4
0	0	1	IN1	1	0	1	IN5
0	1	0	IN2	1	1	0	IN6
0	1	1	IN3	1	1	1	IN7

ADC0809 内部没有时钟电路,因此 CLK 时钟需由外部输入,数据转换过程在外部工作时钟的控制下进行,且 CLK 端口应接入适当的时钟源。

ADC0809 的工作控制逻辑(时序图)如图 8-38 所示。

由图 8-38 可知,输入 3 位地址,即通道选通数据 ADDC、ADDB、ADDA,并使 ALE=1,送 START 一个正脉冲,START 的上升沿使逐次逼近寄存器复位,下降沿启动模数转换,并使 EOC 信号为低电平。

模数转换期间,EOC 信号一直保持低电平,当转换结束后,转换的结果送入到三态数据输出锁存器,并使 EOC 信号从低电平变成高电平,通知 CPU 已转换结束。

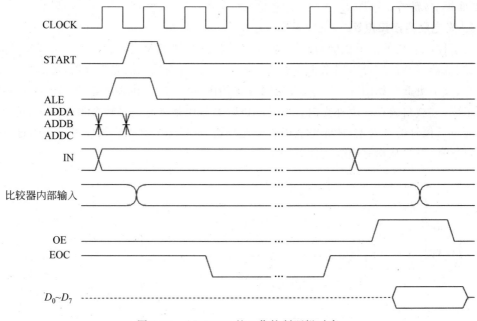

图 8-38　ADC0809 的工作控制逻辑时序

EOC 变为高电平后,CPU 执行读数据指令,使 OE 为高电平,转换结果锁存到 $D_0 \sim D_7$ 上,CPU 读取转换数据后,再使 OE 变为低电平,一次 A/D 转换结束。

8.6　开关量功率接口技术

前面章节中介绍的模数转换和数模转换都是模拟信号的输入输出处理,开关量信号也是单片机系统经常需要处理的形式为"0"和"1"的数字信号。开关量的输入输出需要有与单片机接口相连接的输入输出接口电路。在微机测控系统中,有许多驱动电流大、驱动电压高的外设,因此开关量输入输出接口电路的设计核心是外部电路信号电平的转换和与单片机接口的隔离设计。

8.6.1　开关量输入接口

开关量输入通道结构如图 8-39 所示。

输入缓冲器是对外部输入的信号起缓冲、加强以及选通的作用,CPU 通过读缓冲器读入数据。输入缓冲器可以使用各种可编程的外围接口电路,例如 8255、8155 等;也可以使用简单的中小规模集成电路,例如 74LS240、74LS244、74LS245、74LS273、74LS377 等。

1. 简单接口电路

简单接口电路只完成了外部开关信号至 TTL 电平的转换,如图 8-40 所示,这种方法简单、方便,但抗干扰能力极差,适合与智能仪器电路距离较近的开关量输

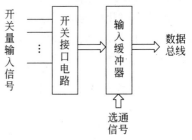

图 8-39　开关量输入通道结构

· 171 ·

入,如面板、按键等。

2. 光电隔离接口电路

为了提高系统的抗干扰能力,常需要将计算机部分和工业现场的仪器隔离开来,脉冲变压器、继电器等器件均可以用来完成隔离任务,而现在普遍采用的光耦合器,可靠性更高、体积更小、成本更低。如图 8-41 所示为光耦合器的图形符号,它由发光器件和光接收器件两部分组成,并被封装在一个外壳内。发光二极管的作用是将电信号转换为光信号,光信号作用于光电三极管的基极上,使光电三极管受光导通,这样输入和输出端便可以不通过电气连接进行信号传送,从而完成隔离任务。

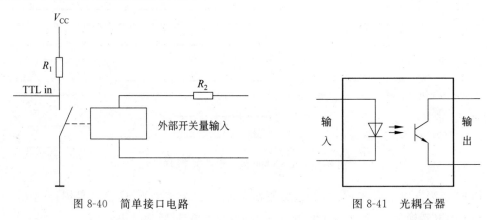

图 8-40 简单接口电路   图 8-41 光耦合器

光电隔离接口电路的构造图如图 8-42 所示。该电路同样适用于三极管输出的接近开关、霍尔开关的接口。

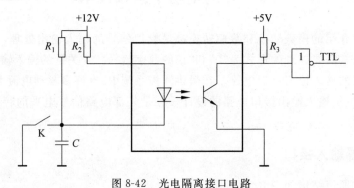

图 8-42 光电隔离接口电路

3. 交流式开关量接口电路

在某些单片机的应用设计中,需要输入交流开关量,这时就必须将外部的交流信号转换成单片机可以接收的信号形式,图 8-43 给出了交流开关量输入原理图。如果外部所要获取的是弱交流信号,则可以先将信号放大,再送到该电路上去。

8.6.2 开关量输出接口

在工业生产现场中,有不少控制对象是电磁继电器、电磁开关或晶闸管、固态继电器和功率电子开关,其控制信号都是开关量。但单片机应用系统在控制大功率负载时,如电动机、电磁铁、继电器、灯泡等,不能用 I/O 线来直接驱动,而必须通过各种驱动电路和开关电

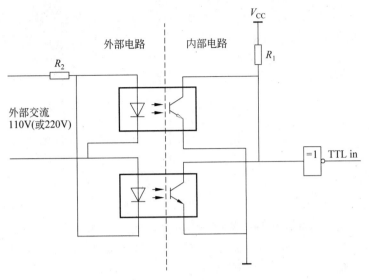

图 8-43　交流开关量输入原理

路来驱动。此外,为了使单片机与强电隔离和抗干扰,有时需要接光耦合。开关量输出用于控制"负载"的开和关。"负载"可以是其他设备的开关量输入电路、指示灯、电动机、电磁阀,或者实际环境中的其他类型的开关设备。

1. 光电耦合器

在单片机应用系统中,为防止现场强电磁干扰或工频电压通过输出通道反串到测控系统,一般采用通道隔离技术。通道隔离最常用的元件是光电耦合器,简称光耦。

光电耦合器件是以光为媒介传输信号的器件,它把一个发光二极管与一个受光源(如光电三极管、光电晶闸管或光电集成电路等)封装在一起,构成电-光-电转换器件。根据受光源结构的不同,可以将光电耦合器件分为晶体管输出的光电耦合器件和可控硅输出的光电耦合器件两大类。下面只介绍晶体管输出光电耦合器。典型的晶体管输出光电耦合器件的内部结构如图 8-44 所示。

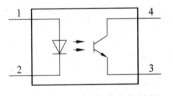

图 8-44　光电耦合器内部结构

光电晶体管除了没有使用基极以外,跟普通晶体管一样,取代基极电流的是光。当光电耦合器的发光二极管发光时,光电晶体管受光的作用产生基极光电流,使三极管导通。

光电耦合器的输入电路与输出电路是绝缘的。一个光电耦合器可以完成一路开关量的隔离,如果将光耦合器 8 个或 16 个一起使用,就能实现 8 位或 16 位数据的隔离。

2. 继电器输出接口

继电器控制方式的开关量输出,是目前最常用的一种输出方式,一般在驱动大型设备时,往往利用继电器作为测控系统输出到输出驱动级之间的第一级执行机构,通过第一级控制输出,可完成从低压直流到高压交流的过渡。如图 8-45 所示,在经光隔离后,直流部分给继电器供电,而其输出部分则可直接与 380V 或 220V 交流市电相接。

继电器输出也可用于低压场合,与晶体管等低压输出驱动器相比,继电器输出时,输入与输出端有一定的隔离作用。但由于采用电磁吸合方式,在开关瞬间,触头容易产生火花,

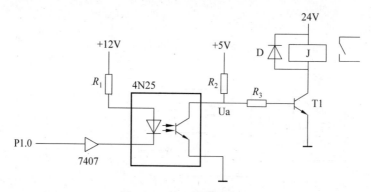

图 8-45 继电器输出接口

从而引起干扰;对于交流高压等场合使用,触头也容易氧化;同时,由于继电器的驱动线圈有一定的电感,在关闭瞬间可能会产生较高的反压,因此,在对继电器的驱动电路上常常反接一个保护二极管(称为续流二极管)用于放电。

不同的继电器,允许驱动的电流也不一样,在电路设计时,可适当加入限流电阻。当然,在图 8-45 中是用光电隔离器件直接驱动继电器,而在某些较大的驱动电流的场合,则在光隔与继电器之间再接一级晶体管以增加驱动电流。

3. 双向晶闸管输出接口

晶闸管是一种大功率半导体器件,在微型计算机测控系统中,可作为大功率驱动器件使用,具有利用较小的功率控制大功率、开关无触头等特点,在交直流电动机调速系统、调功系统、随动系统中有着广泛的应用。

双向晶闸管具有双向导通功能,能在交流、大电流场合使用,且开关无触点,因此在工业控制领域有着极为广泛的应用。传统的双向晶闸管隔离驱动电路的设计,是采用一般的光隔离器和三极管驱动电路。现在已有与之配套的光隔离器产品,这种器件称为光耦合双向晶闸管驱动器,与一般光耦不同,其输出部分是一硅光电双向晶闸管,有的还带有过零触发检测器,以保证在电压接近为零时触发晶闸管。常用的有 MOC3000 系列等,在不同负载电压下使用,如 MOC3011 用于 110V 交流,而 MOC3014 等可适用于 220V 交流使用。用 MOC3000 系列光耦器直接驱动双向晶闸管,大大简化了传统晶闸管隔离驱动电路的设计。图 8-46 为 MOC3041 与双向晶闸管的接线图。

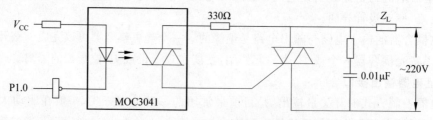

图 8-46 MOC3041 与双向晶闸管的接线

4. 固态继电器输出接口

固态继电器是近几年发展起来的一种新型电子继电器,其输入控制电流小,用 TTL、HTL、CMOS 等集成电路或加简单的辅助电路就可直接驱动,因此适宜于在单片机测控系统中作为输出通道的控制元件。固态继电器输出利用晶体管或晶闸管驱动,无触点,与普通的电磁式继电器和电磁开关相比,具有无机械噪声、无抖动和回跳、开关速度快、体积小、质量轻、寿命长、工作可靠等特点,并且耐冲击、抗潮湿、抗腐蚀,因此在单片机测控等领域中作为开关量输出控制元件,已逐渐取代传统的电磁式继电器和电磁开关。

图 8-47 是固态继电器的内部逻辑图。它由光电耦合电路、触发电路、开关电路、过零控制电路和吸收电路 5 个部分组成。这 5 个部分被封装在一个六面体外壳中,成为一个整体,外部有 4 个引脚(图中 A、B、C、D)。如果是过零型 SSR 就包括"过零控制电路"部分,而非过零型 SSR 则没有这部分电路。

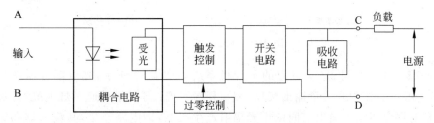

图 8-47 固态继电器的内部逻辑

固态继电器按其负载类型可分为直流型和交流型两类。

(1) 直流型固态继电器。直流型固态继电器主要用于直流大功率控制场合。其输入端为一耦合电路,因此可用 OC 门或晶体管直接驱动,驱动电流一般 3～30mA,输入电压为 5～30V,因此在电路设计时可选用适当的电压和限流电阻。其输出端为晶体管输出,输出电压 30～180V。注意在输出端为感性负载时,要接保护二极管用于防止直流固态继电器由于突然截止而引起的高电压。

(2) 交流型固态继电器。交流型固态继电器分为非过零型和过零型,两者都是用双向晶闸管作为开关器件,用于交流大功率驱动场合。图 8-48 为交流型固态继电器的控制波形。

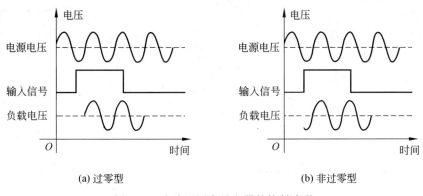

图 8-48 交流型固态继电器的控制波形

对于非过零型 SSR,在输入信号时,不管负载电源电压相位如何,负载端立即导通,而过零型必须在负载电源电压接近零且输入控制信号有效时,输出端负载电源才导通,可以抑制射频干扰。当输入端的控制电压撤销后,流过双向晶闸管的负载电流为零时才关断。

对于交流型 SSR,其输入电压为 3～32V,输入电流为 3～32mA,输出工作电压为交流

140~400V。几种交流型 SSR 的接口电路如图 8-49 所示,其中图 8-49(a)为基本控制方式,图 8-49(b)为 TTL 逻辑控制方式。对于 CMOS 控制要再加一级晶体管电路进行驱动。

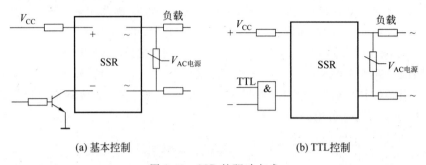

(a) 基本控制   (b) TTL控制

图 8-49   SSR 的驱动方式

【例 8-7】   开关控制 220V 灯泡的单片机系统如图 8-50 所示,光电耦合器作为开关量输入接口。继电器作为开关量输出接口,编写程序实现:开关量导通时灯泡亮,开关断开时灯泡灭(光电耦合器输入输出之间依靠光辐射产生关联,无电路连接,其输入端和输出端是独立的供电系统,因此光电耦合器输入输出之间不会产生电路干扰信号;继电器输入端和输出端无电路连接,两者也是独立电源供电,因此输入输出之间不会产生电路信号干扰)。

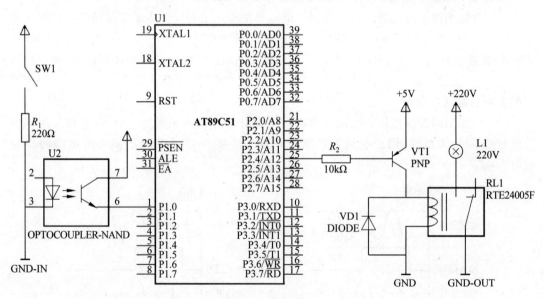

图 8-50   例 8-7 的电路

解:首先分析一下电路原理图的各个部分,图中 SW1 为开关,U2 为输入的接口器件光电耦合器,RL1 为输出的接口器件继电器。

光电耦合器输入侧是一个发光二极管(2、3 引脚),输出侧是光电三极管(外接 6、7 引脚),当输入侧发光二极管导通时,输出侧的光电三极管不导通,引脚 7 输出低电平"1"。

单片机 P2.4 引脚控制开关三极管 VT1 的导通和截止,进而控制继电器线圈的通断。继电器的输入侧是线圈,右侧是磁感应开关,当线圈不导通时,开关断开;线圈导通时,开关闭合。输入端和输出端无电路连接,两者也是独立电源供电,因此输入输出之间不会产生电路信号干扰。

控制流程如下：

（1）SW1 闭合—U2 的引脚 6 输出低电平—P2.4 引脚输出低电平—VT1 导通—RL2
线圈导通—RL2 开关闭合—灯泡亮；

（2）SW1 断开—U2 的引脚 6 输出高电平—P2.4 引脚输出高电平—VT1 截止—RL2
线圈不通—RL2 开关断开—灯泡灭。

C51 参考程序如下：

```c
#include "reg51.h"
#define uint unsigned int
#define uchar unsigned char

sbit K1=P1^0;
sbit RELAY=P2^4;
void DelayMS(uint ms)
{
    uchar t;
    while(ms--)
    {
        for(t=0;t<120;t++);
    }
}
void main()
{
    P1=0xff;
    RELAY=1;
    while(1)
    {
        if(K1==0)
        {
            RELAY=0;
            DelayMS(20);
        }
        if(K1==1)
        {
            RELAY=1;
            DelayMS(20);
        }
    }
}
```

本 章 小 结

本章介绍了单片机接口扩展技术。首先介绍了单片机的系统扩展能力、地址锁存及
地址译码技术，然后介绍了常用单片机接口扩展技术。在 I/O 口的扩展部分，介绍了简
单 I/O 口的扩展和可编程 LCD 的基础原理及使用方法。在测控口的扩展部分，介绍了数

模转换器 DAC0832 和模数转换器 ADC0809 的扩展技术以及开关量输出时的驱动和隔离技术。

习　题　8

1. 单片机的 3 种总线是由哪些信号构成的?

2. 简述 LCD 的工作原理。

3. 数模转换器与单片机接口常见的 3 种形式是什么?

4. DAC 的采样率和单片机系统总线宽度相同或高于系统总线宽度时,其连接方式有什么不同?

5. 采用 ADC0809 设计数据采集电路,测量位于 IN1 通道的输入模拟量信号,模数转换结果以十六进制形式显示在 LCD1602 上。

第 9 章　智能仪表的综合设计

本章重点

- 智能仪表的组成、特点和发展。
- 单片机系统设计中的抗干扰技术。
- 智能仪表的软硬件设计过程。
- 通过具体实例的设计过程对本书介绍的单片机原理加以综合应用。

学习目标

- 了解智能仪表的基本组成和特点。
- 了解智能仪表使用中的干扰源和抗干扰措施。
- 掌握智能仪表的设计流程以及实现多模块并行运行的方法。

9.1　智能仪表的介绍

自 20 世纪中叶起,传统仪表已经作为非常重要的检测控制手段应用于工业领域,包括化工、钢铁冶炼、煤炭生产及电力等行业,它的稳定性及安全性已经在长期的检验中得到了验证,可以长时间工作而不会出现故障,对上述行业的安全要求是极为有利的。

然而随着信息时代的到来,仪表既需要可靠工作,又需要接受外界的指令,将数据远传和接受远程控制,智能仪表就是在这种背景下登上了检测和控制的舞台。20 世纪 80 年代,仪表开始使用功能较强的微处理器,开始具备人机接口界面,使得传统的检测设备有了长足的进步;20 世纪 90 年代,仪表中加入了 DSP、ARM 等高性能微处理器作为核心,使仪表对数字信号和各种复杂滤波控制算法的处理功能得到了大幅度提高;之后,伴随现场总线和集散控制系统的进步,组建控制回路要求仪表能够更便捷地接入总线和 DCS;这些都让传统仪表逐渐转向了智能化和网络化,成为仪表开发的一个非常重要的方向。

9.1.1　智能仪表的组成

智能仪表是针对电力系统、工矿企业、公共设施、智能大厦的电力监控需求而设计的一种智能化仪器,是一种新型的电力仪表。智能仪表的主体是之前所学的单片机。单片机内部包括 CPU、存储器、定时器/计数器、并行 I/O 口、串行口甚至模数转换器等,如图 9-1 所示。

智能仪表带有微型处理系统,可接入微型计算机。它通过电子电路来转换测量数据,并对数据进行存储运算、逻辑判断,通过全自动化的操作过程得到准确无误的测量结果,并可通过打印机输出文字结果。智能仪器现在已广泛用于电子、化工、机械、轻工、航空等行业的精密测量,对我国制造业提升产品质量的检测手段,起到了重要的作用。

最初的智能仪表是自动抄表系统(AMR)。远程自动抄表是智能仪表最基本的功能,它利用了智能仪表的红外线等通信功能,这样就不需要工作人员前往现场进行人工抄表,提升

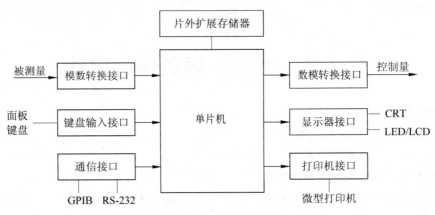

图 9-1　智能化测量控制仪表的基本组成

了效率,也削减了抄表业务的成本。此外,还能够减少人为因素造成的失误,提升抄表精度。之后又增加了双向通信的远程操作功能,可以防止非法使用。因此,智能仪表最初是被能源行业所看好和应用,例如图 9-2 所示为智能数字电压表的原理图。

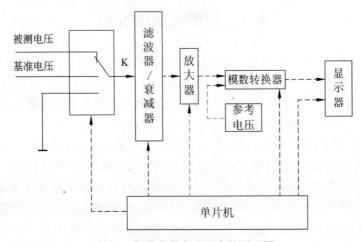

图 9-2　智能化数字电压表的原理图

9.1.2　智能仪表的优点

智能仪表克服了传统测控仪表对输入信号测量无法保证准确性的缺点,具有以下优点。

(1) 精度高。智能仪表具有较高的精度。利用内装的微处理器,能够实时测量变化对检测元件的影响,通过数据处理,对非线性进行校正,对滞后及复现性进行补偿,使得输出信号更精确。

(2) 功能强。智能仪表具有多种复杂的运算功能,依赖内部微处理器和存储器,可以执行各种复杂的运算。

(3) 测量范围宽。与普通相比,智能仪表测量范围更宽。

(4) 通信功能强。智能仪表既可在现场也可以在控制室进行零点及量程的调校及变更。

（5）完善的自诊断功能。通过通信器可以查出变送器自诊断的故障结果信息。

9.1.3　智能仪表的发展

目前，国内市场常见的智能仪表有能自动进行差压补偿的智能节流式流量计、能对各种频谱图进行分析和数据处理的智能色谱仪、能进行程序控温的智能多段式温度控制仪、能实现数字 PID 控制和各种复杂控制规律的智能式调节器等。其发展速度很快的一个重要因素是集成电路和计算机技术的飞速发展。

智能仪表未来有如下发展方向。

（1）智能仪表的智能化程度有待进一步提高。智能仪表的智能化程度表征着其应用的广度和深度，目前的智能仪表还只是处于一个较低水平的初级智能化阶段，但某些特殊工艺及应用场合则对仪表的智能化提出了较高的要求，而当前的智能化理论，例如神经网络、遗传算法、小波理论、混沌理论等已经具备潜在的应用基础，这就意味着有必要也有能力结合具体的应用，需要下大气力开发高级智能化的仪表技术。

（2）智能仪表的稳定性、可靠性有待长期和持续地关注。仪表运行的稳定性、可靠性是用户首要关心的问题，智能仪表也不例外。随着智能仪表技术的不断拓展，新型的智能仪表也将陆续投放市场，这需要始终把握一个原则：每一项智能新技术的应用有待实践的检验。用户是否有信心和勇气敢于做"第一个吃螃蟹的人"，这就需要安全性、可靠性技术的并行开发。

（3）智能仪表的潜在功能应用有待最大化。目前工业自动化领域的实际应用尚未将智能仪表的功能发挥最大化，而更多的只是应用了其总体功能的半数左右，而这一应用现状的主要原因是，控制系统的总体架构忽略了诸如现场总线的技术优势，这需要仪表厂商与用户建立良好的合作伙伴关系，加强长期合作，以短期投资促长期效益，通过建立"智能仪表＋现场总线"的控制系统架构，确立优化的投资观念，达成和谐共赢的目标。

9.2　智能仪表抗干扰技术

智能仪表在我国已逐步应用于工业生产过程的控制中。工业生产的环境往往比较恶劣，各种干扰严重，这些干扰有时会严重破坏仪表的器件或程序，使仪表产生误动作。因此，这类仪表能否大量进入工业生产领域，能否提高生产的效率以及效益，仪表的抗干扰性能是关键要素之一。为了保证仪表稳定可靠的工作，在着手电路、结构和软件设计的同时，必须周密考虑和解决抗干扰问题。本章介绍智能仪表硬件电路的抗干扰措施。

9.2.1　干扰源

干扰窜入仪表的渠道主要有空间（电磁感应）、传输通道、配电系统这 3 个。

一般情况下，经空间感应窜入的干扰在强度上远远小于从另两个渠道窜入的干扰，而且空间感应形式的干扰又可通过良好的"屏蔽"和正确的"接地"加以解决。所以，抗干扰措施主要是尽力切断来自传输通道和配电系统的干扰，并抑制部分已进入仪表的干扰作用。干扰按进入仪表的方式可分为串模干扰、共模干扰、数字电路干扰以及电源和地线系统的干扰等。

串模干扰是指干扰电压与有效信号串联叠加后作用到智能化测量控制仪表上。共模干扰是指输入通道两个输入端上共有的干扰电压。

9.2.2 硬件抗干扰措施

常用的硬件抗干扰措施有以下几种。

(1) 串模干扰的抑制。串模干扰的抑制能力用串模抑制比 NMR 来衡量。智能化测量控制仪表中,主要的抗串模干扰措施是用低通输入滤波器滤除交流干扰。对直流串模干扰则采用补偿措施。常用的低通滤波器有 RC 滤波器、LC 滤波器、双 T 滤波器和有源滤波器。

(2) 共模干扰的抑制。共模干扰的抑制能力用共模抑制比 CMR 来衡量。共模干扰是一种常见的干扰源,采用双端输入的差分放大器作为仪表输入通道的前置放大器,是抑制共模干扰的有效方法。

(3) 电源与电网干扰的抑制。为了抑制电网干扰所造成稳压电源的波动,可采用能抑制交流电源干扰的计算机系统电源。

(4) 接地设计。接地时应注意以下几点。

① 一点接地和多点接地的使用原则。

② 屏蔽层与公共端的连接。

③ 交流地、功率地同信号地不能共用。

④ 屏蔽地(机壳地)。

⑤ 电缆和接插件的屏蔽。

9.2.3 软件抗干扰措施

1. 数字量输入输出中的软件抗干扰

数字量输入过程中产生的干扰作用时间较短,因此在采集数字信号时可多次重复采集,直到若干次采样结果一致时才认为有效。

智能化测量控制仪表对外输出的控制信号多以数字量形式出现。

2. 程序执行过程中的软件抗干扰

如果干扰信号通过某种途径作用到 CPU 上,CPU 就不能按正常状态执行程序,从而引起混乱,这种现象称为程序"跑飞"。

程序"跑飞"后,会将一些操作数当作操作码来执行,从而引起整个程序的混乱,采用"指令冗余"可以使"跑飞"的程序恢复正常。

"指令冗余"是指在一些关键的地方人为地插入一些单字节的空操作指令 NOP。

如果"跑飞"的程序落到非程序区,或在执行到冗余指令之前已经形成一个死循环,则"指令冗余"就不能使"跑飞"的程序恢复正常。这时可采用软件陷阱软件抗干扰措施。

软件陷阱一般安排在下列 4 种地方。

(1) 未使用的中断向量区。

(2) 未使用的大片 EPROM 区。

(3) 表格。

(4) 程序区。

9.3 智能仪表设计过程

9.3.1 基本要求与原则

设计智能仪表一般应遵循如下准则。

1. 从整体到局部(自顶向下)的设计原则

在硬件或软件设计时,应遵循从整体到局部,即自顶向下的设计原则,力求把复杂的、难处理的问题,分解为若干个简单的、容易处理的问题,再一个个地加以解决。开始时,设计人员根据仪表功能和实际要求提出仪表设计的总任务,并绘制硬件和软件总框图(总体设计)。然后将总任务分解成一批可以独立表征的子任务,这些子任务还可以再向下分,直到每个低级的子任务足够简单,可以直接而且容易地实现为止。低级子任务可用模块方法实现,这些低级模块相当简单,可以采用某些通用化的模块(模件),也可作为单独的实体进行设计和调试,并对它们进行各种试验和改进,从而能够以最低的难度和最大的可靠性组成高一级的模块。将各种模块有机地结合起来,便可完成原设计任务。这就是设计智能化仪表的思想。模块化设计的优点是,无论是硬件还是软件,每一个模块都相对独立,故能独立地进行设计、研制、调试和修改,从而使复杂的工作简化。

2. 经济性要求

为了获得较高的性能价格比,设计仪表时不应盲目追求复杂、高级的方案。在满足性能指标的前提下,应尽可能采用简单的方案,因为方案简单意味着元器件少、可靠性高,从而也就比较经济。

智能仪表的造价取决于研制成本和生产成本。研制成本只花费一次,就第一台样机而言,主要的花费在于系统设计、调试和软件研制,样机的硬件成本不是考虑的主要因素。当样机投入生产时,生产数量越大,则每台产品的平均研制费用就越低,在这种情况下,生产成本就成为仪表造价的主要因素,显然仪表硬件成本对产品的成本有很大的影响。如果硬件成本低、生产量大,仪表的造价就越低,在市场上就有竞争力;若仪表产量较小,研制成本则成了决定仪表造价的主要因素,在这种情况下,宁可多花费一些硬件开支,也要尽量降低研制经费。在考虑仪表的经济性时,除造价外还应顾及仪表的使用成本,即使用期间的维护费、备件费、运转费、管理费、培训费等,必须综合考虑后才能看出真正的经济效果,从而做出选用方案的正确决策。

3. 可靠性要求

所谓可靠性是指产品在规定的条件下和规定的时间内完成规定功能的能力。可靠性指标除了可用完成规定功能的概率表示外,还可用平均无故障时间、故障率、失效率或平均寿命等来表示。

对于智能仪表或系统来说,无论在原理上如何先进,在功能上如何全面,在精度上如何高级,如果可靠性差、故障频繁、不能正常运行,则该仪表或系统就没有使用价值,更谈不上经济效益。因此在智能仪表的设计过程中,对可靠性的考虑应贯穿于每个环节,采取各种措施提高仪表的可靠性,以保证仪表能长时间地稳定工作。

就硬件而言,仪表所用器件质量的优劣和结构工艺是影响可靠性的重要因素,故应合理地选择元器件和采用极限情况下试验的方法。所谓合理的选择元器件是指在设计时对元器件的负载、速度、功耗、工作环境等参数应留有一定的安全量,并对元器件进行老化和筛选;极限情况下的试验是指在研制过程中,一台样机要承受低温、高温、冲击、振动、干扰、烟雾和其他试验,以证实其对环境的适应性。为了提高仪表的可靠性,还可采用"冗余结构"的方法,即在设计时安排双重结构(主件和后备用件)的硬件电路,这样当某部件发生故障时,备用件自动切入,从而保证了仪表的可靠连续运行。

对软件来说,应尽可能地减少故障。如前所述,采用模块化设计方法,易于编程和调试,可减少故障和提高软件的可靠性。同时,对软件进行全面测试也是检验错误、排除故障的重要手段。与硬件类似,也要对软件进行各种"应力"试验,例如提高时钟速度、增加中断请求率、子程序的百万次重复等,甚至还要进行一定的破坏性试验。虽然这要付出一定代价,但必须经过这些试验才能证明所设计的仪表是否合适。

随着智能仪表在生产中的广泛应用,对仪表可靠性的要求已提到越来越重要的位置上来。与此相应,可靠性的评价不能仅仅停留在定性的概念分析上,而是应该科学地进行定量计算,进行可靠性设计,特别对较复杂的仪表尤为必要。至于如何进行可靠性设计,读者可参阅有关专著。

4. 操作和维护的要求

在仪表的硬件和软件设计时,应当考虑操作方便,尽量降低对操作人员专业知识的要求,以便产品的推广应用。仪表的控制开关或按钮不能太多、太复杂,操作程序应简单明了,输入输出应采用十进制数表示,操作者无须专业训练,便能掌握仪表的使用方法。

智能仪表还应具有很好的可维护性,为此仪表结构要规范化、模块化,并配有现场故障诊断程序,一旦发生故障,就能保证对故障进行有效定位,以便调换相应的模件,使仪表尽快恢复正常运行。为了便于现场维修,近年来广泛使用专业分析仪器,它要求在研制仪表电路板时,在有关结点上注明"特征"(通常是 4 位十进制数字),现场诊断时就利用被监测仪表的微处理器产生激励信号。采用这种方法进行检测(直到元器件级),可以迅速发现故障,从而使故障维修时间大为减少。

除上述这些基本准则外,在设计时还应考虑仪表的实时性要求。由于智能测控仪表直接应用于工业过程,故应能及时反映工业对象中工艺参数的变化情况,立即进行实时处理和控制。为能对各种实时信号(模数转换结束信号、可编程器件的中断信号、实时开关信号、掉电信号等)迅速做出响应,应采用中断功能强的单片机,并编制相应的中断服务程序模块。

此外,仪表造型设计也极为重要。总体结构的安排、部件间的连接关系、细部美化等都必须认真考虑,最好由专业人员设计,使产品造型优美、色泽柔和、美观大方、外廓整齐、细部精致。

9.3.2 具体过程

单片机应用系统是根据用户所提出的功能和技术要求,设计并制作出的符合要求的产品或者装置。单片机虽说功能齐全,是一个完整的计算机,但它本身无自开发能力,必须借助开发工具来开发应用软件以及对硬件系统进行诊断。单片机应用系统开发和应用的具体过程与一般微型计算机的开发、应用在方法和步骤上基本相同。对于一个实际的课题和项目,从任务的提出到系统的选项、确定、研制直到投入运行要经过一系列的过程。

1. 总体论证

一个产品或项目提出之后，要完成其任务，首先要进行总体论证，主要是对项目进行可行性分析，即对所研制任务的功能和技术指标详细分析、研究，明确功能的要求；对技术指标进行一些调查、分析和研究；对产品项目的先进性、可靠性、可维护性、可行性以及性价比进行综合考虑；同时还要对国内外同类产品或项目的应用和开发情况予以了解。当用户提出的要求过高，在目前条件下难以实现时，应根据自己的能力和情况提出合理的功能要求及技术指标。

2. 总体设计

在确定产品或项目的功能和技术指标之后，应根据系统的组成进行总体设计。

一个功能相对独立的产品可直接对其进行总体设计，而对于一个综合性的应用课题或项目，它涉及的面可能比较宽，使用的技术也比较多，例如通信、网络、管理以及集散型控制技术等。首先要确定系统的组成和管理，上位机一般由微型计算机系统担任，而现场的实时监测、控制和设置等由单片机担任，二者之间的通信方式、通信协议等也就大致确定，这部分任务交由系统软件的开发者完成。单片机应用系统的开发可相对独立地进行。

单片机应用系统的总体设计主要包括系统功能（任务）的分配、确定软硬件任务及相互关系、单片机系统的选型以及拟定调试方案和手段等。系统任务的分配、确定软硬件任务及相互关系包括两方面的含义：一是确定必须由硬件或软件完成的任务，相互之间是不能替代的；二是有些任务双方均能完成，还有些任务需要软硬件配合才能完成。这就要综合考虑软硬件的优势和其他因素，如速度、成本、体积等，从而进行合理的分配。

在确定用单片机来实现产品或者项目的功能后还涉及单片机的选型问题，因为目前单片机的品种非常丰富，资源和性能也不尽相同。如何选择性价比最优、开发容易及开发周期短的产品，是开发者要考虑的主要问题之一。目前我国销售的主流单片机有 MCS-51、PIC、MAP430、AVR 等系列。选择单片机总体上应从两方面考虑：其一是目标系统需要哪些资源；其二是根据成本的控制选择价格最低的产品，即所谓的性价比最高原则。

在软硬件任务明确的情况下，软硬件设计可分别进行了。

3. 硬件开发

硬件开发的第一步是电路原理图的设计，它包括常规通用逻辑电路的设计和特殊专用电路的原理设计，特别是专用电路的原理设计，它一般没有现成的电路，要根据要求首先进行原理设计，有条件的话可利用软件模拟仿真。在理论分析通过的基础上可进行实际电路的试验、调试和确认。整个系统的硬件电路原理图设计完毕并确认无误后，可进行元器件的配置，即将系统所有的元器件（外形尺寸不同）购齐以备绘制印制电路板使用。印制电路板的设计也可以委托相关厂家，但需要提供系统电路原理图中所有元器件的型号、参数和尺寸，如有特别要求（元器件的布局）应事先提出。印制电路板制作出来之后，要用万用表进行检查，对照设计图检查有无短路、断路和连接错误，检查后可进行元器件的焊接和装配。

4. 软件开发

单片机软件开发过程与一般高级语言的软件开发基本相同，主要区别如下：第一，它是根据所用单片机的型号进行系统资源的分配；第二，软件的条数环境不同。编写源程序可以采用汇编语言和 C51 语言，也可以采用混合编程，即用 C51 编写主程序，用汇编语言编写硬件有关的程序。

一般情况下,软件的功能分为两大类:一类是执行软件,它能完成测量、计算、显示、打印及输出控制等各种实质性的功能;另一类是监控软件,它是专门用来协调各个执行模块和操作者的关系的,在系统软件中充当组织调度角色。设计人员在进行程序设计时应从以下几个方面加以考虑。

(1) 根据软件功能要求,将系统软件分成若干个相对独立的部分,设计出合理的软件总体结构,使其清晰、简洁、流程合理。

(2) 将功能程序模块化、子程序化,这样既便于调试、连接,又便于移植、修改。

(3) 在编写应用软件之前,应绘制出程序流程图,这不仅是程序设计的一个重要组成部分,而且是决定着成败的关键部分。从某种意义上讲,多花一些时间来设计程序流程图,就可以节约几倍于源程序编写、调试时间。

(4) 要合理分配系统资源,包括 ROM、RAM、定时器/计数器及中断源等,其中最关键的是片内 RAM 分配。对于汇编语言编程需要人为筹划各个资源的使用,但若使用 C51,则只需设置合理的变量类型,编译系统将会自动进行资源分配。

注意:应在程序的有关位置处写上功能注释,以提高程序的可读性。

5. 联机调试

依靠 Proteus 和 Keil C 软件进行模拟测试。

9.4 智能仪表设计实例——温控报警器

在日常生活及工农业生产中经常要用到温度的检测及控制,传统的测温元件有热电偶和热电阻。而热电偶和热电阻测出的一般都是电压,再转换成对应的温度,需要比较多的外部硬件支持,硬件电路复杂,软件调试复杂,制作成本高。由单片集成电路构成的温度传感器的种类越来越多,测量的精度越来越高,响应时间越来越短,使用方便无须变换电路等。近年来,以美国 Dallas 公司生产的 DSI8B20 为代表的新型单总线数字式温度传感器广泛应用于仓储管理、工农业生产制造、气象观测、科学研究以及日常生活中。DSI8B20 集温度测量和模数转换于一体,直接输出数字量,传输距离远,可以很方便地实现多点测量。温度采集仪增加 PC 与单片机之间的通信,可以对实时温度进行远程监测与存储,此仪器可用于蔬菜大棚的监控或者工厂中锅炉温度的采集等场合,应用广泛。

9.4.1 总体功能分析

本节温控报警器的设计目标是实现一路温度信号量输入和三路报警开关输出的控制功能。其中温度输入量为 $-28 \sim 128 \, ^\circ\text{C}$,8 位模数采样,控制参数有两个,即下限报警温度(min)和上限报警温度(max)。当输入的温度值大于上限温度时,触发高温警报,红色发光二极管亮,蜂鸣器保持鸣响,同时步进电动机转速加快;当输入的温度值小于下限温度时,触发低温警报,黄色发光二极管亮,蜂鸣器间接性的短促鸣响,同时步进电动机转速变慢;当输入的温度值介于上限温度和下限温度时,不触发警报,绿色发光二极管亮,蜂鸣器不响,步进电动机转速随温度变化。

该仪表具体功能为,仪表上电后自动进入温度测控状态,显示器实时显示温度的采样值,同时红、绿、黄 3 个发光二极管实时显示温度状态,并根据温度触发蜂鸣警报,温度越高,步进电动机转动越快。若按 KEY1 键,进入参数设置模式,测控模式转入后台但是仍然同时运行,显示器改为显示当前温度采样值与温度上下限两个参数,此时会出现指标指向温度上限;若继续按 KEY1 键,指标会在温度上限与温度下限之间连续切换;若按 KEY2 键或者 KEY3 键,会分别使当前指标指向的参数加 1 或者减 1;修改完毕后,按 KEY1 键,将会退出设置模式并保存刚刚对参数做的修改,返回测控模式。在设置模式期间,实时温度的改变仍然会触发相应的警报,不会影响仪表正常功能的使用。

9.4.2 硬件电路分析

本节温控报警器选用了仪表常用到的 LCD12864 液晶显示器作为温度和参数显示屏,按照动态显示原理接线,首先接入单片机系统所必需的振荡电路与复位电路。液晶显示器的 8 位数据位通过并行输入的方式接入 P0.0~P0.7 口,其余的 3 位控制位以及 2 位选择位接入 P2.0~P2.4 口。步进电动机接在达林顿驱动器的输出端,驱动器接在单片机的 P1.0~P1.3 口。报警系统包括的红、绿、黄三色发光二极管接在 P2.5~P2.7 口,蜂鸣器接在 P3.6 口。温度参数由 DS18B20 温度传感器提供,接在 P3.7 口。4 个按键接在 P3.0~P3.3 口,通过循环查询获取按键。

硬件电路系统如图 9-3 所示。

图 9-3 中,P0 口与温度传感器 DQ 口需要接入上拉电阻,温度传感器温度范围为−55~128℃。液晶显示器选用 Proteus 软件提供的 AMPIRE128×64 虚拟器,程序与真实实物所用会有差别。

9.4.3 软件系统分析

软件系统采用一个由多功能模块构成的程序,模块之间相互依赖,它们之间的关系如图 9-4 所示。

从图 9-4 中可以看出,程序由两个主要的功能模块组成——测控模块和设置模块。这两个模块能够同时运行。这里"同时"的意思是指用户在进行参数设置的时候,程序还能实时采集温度数据并进行警报功能以及对步进电动机的控制。"测控"和"设置"这两个模块主要是建立在其他的小模块的基础上的,比如测控模块是建立在温度模块、报警模块和电动机模块的基础上,设置模块是建立在按键模块和显示模块。表 9-1 列出了各个模块主要的函数。

表 9-1 各个模块主要的函数

模　　块	主要函数和功能
测控模块	void ControlAction();
设置模块	void KeyAction();
显示模块	void LcdShowStr(uchar ss, uchar page, uchar y, uchar * str);
温度模块	void RefreshTemp();　　//读取温度并刷新显示屏
报警模块	void AlarmAction();　　//根据当前温度警报
电动机模块	void MotorAction();　　//控制步进电动机转动
按键模块	void KeyScan();　　　　//扫描键盘并返回键值

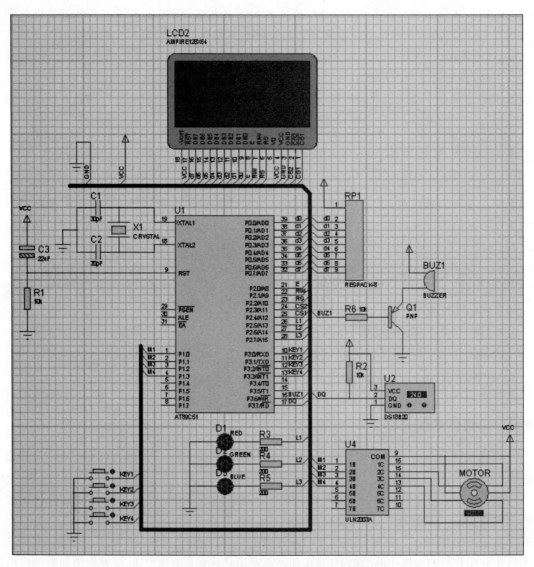

图 9-3　Proteus 中显示的仪表连接原理图

测控模块		设置模块
警报模块	电动机模块	
温度模块		显示模块
		按键模块

图 9-4　系统各个模块结构图

　　下面对这个程序中的一些重点问题进行详细说明。

1. 测控模块和设置模块的"同时"进行

测控模块和设置模块的调用执行都在 main.c 中,代码如下:

```
...
void main()
{
    ...
    while(1)
    {
        ControlAction();
        KeyAction();
    }
}
```

在主函数中,无限循环调用 ControlAction()和 KeyAction(),它们分别对应着测控模块和设置模块对应的线程函数,只有在 ControlAction()被调用时,显示屏上的温度值才会进行采集并刷新;只有在 KeyAction()被调用时,温度警报上下限两个参数才会显示在显示器上,这时用户通过键盘可对参数进行选择和修改,以及保存并退出操作。要想使两个模块看起来是同时进行的,就要求 ControlAction()和 KeyAction()各自执行的时间都不能很长。如果 ControlAction()执行的时间过长,在这期间,用户的按键操作就不会得到响应,使得按键无效;同理,如果 KeyAction()执行的时间过长,在用户设置参数时,温度一直得不到刷新,警报模块无法做出相应的警报,步进电动机也无法变速度。

在这两个函数中,ControlAction()的逻辑较为简单,代码如下:

```
void ControlAction()
{
    if(FlagTemp ==1)                        //温度标志位为1
    {
        RefreshTemp();                      //刷新温度

        if(Temp18B20 <TempMin)              //修改报警标志位
            FlagBuzz =1;
        else if(Temp18B20 >=TempMax)
            FlagBuzz =2;
        else
            FlagBuzz =0;

        if(Temp18B20 <0)                    //修改电动机速度
            Temp18B20 =0;
        if(Temp18B20 >100)
            Temp18B20 =100;
        MotorSpeed =220 -Temp18B20 * 2;     //计算速度

        FlagTemp =0;
    }
}
```

每次 ControlAction() 被调用时,会首先判断温度标志位是否为 1,然后依次执行刷新温度、根据温度修改报警标志位、根据温度修改步进电动机速度这 3 个操作,执行时间都不会很长。如果用户按压键盘,修改参数的操作会很及时、流畅地得到程序的响应。但是,从用户进入设置模块到修改参数,到修改完成保存退出,有可能会经历较长的时间,如果 ControlAction() 函数要等到设置模块退出后才执行,那么温度的刷新和报警模块、电动机模块的控制一定会受到严重的干扰。

2. 设置模块的短时运行

设置模块的代码在 key.c 中实现,下面列出代码的主要框架:

```
void KeyAction()
{
    ...
    if(KeyCode!=0)                                          //如果有键被按
    {
        switch(KeyCode)
        {
            case 1: if(FlagSet==0 || FlagSet==2)            //设置
                    {
                        ...
                        FlagSet =1;
                        ...
                    }
                    else if(FlagSet ==1)
                    {
                        FlagSet =2;
                        ...
                    }break;
            case 2: if(FlagSet ==1)                         //加
                    {
                        ...
                    }
                    else if(FlagSet ==2)
                    {
                        ...
                    }break;
            case 3: if(FlagSet ==1)                         //减
                    {
                        ...
                    }
                    else if(FlagSet ==2)
                    {
                        ...
                    }break;
            case 4: FlagSet =0;                             //完成设置
                    ...
                    break;
```

```
                default: KeyCode =0; break;
            }
            KeyCode =0;                            //执行完按键动作后清"0"
        }
    }
```

    如之前所分析,KeyAction()不能设计为用户退出设置模式后才返回。本节采用的解决方案是,通过两个变量来记录设置状态,KeyCode用来记录按键码,一共有0~4这5种状态,对应无按键及4个按键;FlagSet用来记录当前修改的参数码,有0~2这3种状态,对应非设置状态、温度上限和温度下限。每次执行KeyAction()时都会首先判断KeyCode所记录的值,通过switch语句匹配出用户按了哪个键,再用一个if…else…语句来判断当前修改的是哪个参数,在语句内分别实现每个按键的功能。在程序中可以看到,不管按哪个键都会进入switch语句,但只有KEY1键可以将FlagSet的值从0修改为1,也就是说,用户只有在按KEY1进入设置模式后,显示屏显示上下限参数,其他的按键才会有响应,这时候按KEY2会使当前参数加1,按KEY3会使当前参数减1。如果直接按KEY2或KEY3,显示屏是没有任何反应的,这也符合正常的人机交互。在每个修改动作后,都会刷新显示屏,以显示刚刚进行的修改。

    无论是判断记录参数还是刷新显示屏,程序都会很快完成,因此,无论是何种状态,无论是否有按键被按下,KeyAction()函数都会在很短的时间执行并返回,不过可以看到,程序中的KeyCode并不由这一函数决定,它由按键模块的扫描函数决定。要想KeyAction()很快完成,无论用户是否按键或者将按键按下不抬起,按键模块都必须能及时地检测到按键,并在很短的时间内返回。下面就来介绍按键模块的实现。

3. 按键扫描的短时运行

```
void KeyScan()
{
    static unsigned int cntk1 =0;                //按键1计数
    static unsigned int cntk2 =0;
    static unsigned int cntk3 =0;
    static unsigned int cntk4 =0;

    if(KEY1 ==0)
    {
        cntk1++;
        if(cntk1 ==10) KeyCode =1;                //单次触发
    }
    else cntk1 =0;

    if(KEY2 ==0)
    {
        cntk2++;
        if(cntk2 ==10) KeyCode =2;
    }
    else cntk2 =0;
```

```
    if(KEY3 ==0)
    {
        cntk3++;
        if(cntk3 ==10) KeyCode =3;
    }
    else cntk3 =0;

    if(KEY4 ==0)
    {
        cntk4++;
        if(cntk4 ==10) KeyCode =4;
    }
    else cntk4 =0;
}
```

　　按键按下去再抬起来算一次,因此设计的程序应当有识别一次的功能。按键分为两个步骤,第一步首先要检测到用户按了哪一个键。从程序中就可以看到,函数通过 4 个 if 语句依次判断 4 个键是否被按下,当某一个键被按下时,进入其对应 if 语句,将按键所对应计数变量加 1,倘若用户一直按着这个键不起,计数变量就会一直加下去,同时,所对应参数也会一直加下去,并且很难控制,所以在后面加一个判断语句 if(cntk1 == 10),当 cntk1 为 10时,将 KeyCode 置为"1",表示 KEY1 键被按下,虽然计数变量还会一直加下去,但是已经不会触发参数修改,因为在设置模块中每一个按键码用一次后就置"0"了。当按键抬起后,就会匹配为 else 语句,将计数变量置"0",完成一次完整的按键,用户下次按键仍可整除进行。

　　当然,这只是按键识别函数,并不能实现短时运行,短时运行通过中断体现:

```
void Timer0() interrupt 1
{
    static int cnt1s =0;
    TH0 =0xFC;
    TL0 =0x18;

    cnt1s++;
    if(cnt1s >=1000)
    {
        cnt1s =0;
        FlagTemp =1;
    }

    MotorAction();
    AlarmAction();
    KeyScan();
}
```

　　这里采用方式 1 定时器 0 中断,每 1ms 扫描一次键盘,而用户一次按键一定远大于1ms,可以保证按键检测绝不会出错,其他的电动机模块和警报模块也是在中断中完成,由于时间很短,不会影响整个程序的运行。cnt1s 是时间计数变量,每计数到 1000ms(也就是

1s)刷新一次温度显示。

9.4.4　联机调试

　　按照硬件电路设计在 Proteus 中绘制系统原理图,在 Keil 中建立项目,并添加程序文件。项目编译和连接后生成 HEX 文件,放到 Proteus 中的单片机 80C51 中。

　　由项目目录可以看到,该项目由 5 个程序文件组成,1 个是 C 语言文件,其余 4 个是以 .h 为后缀的头文件,整个程序全部源代码如图 9-5 所示。

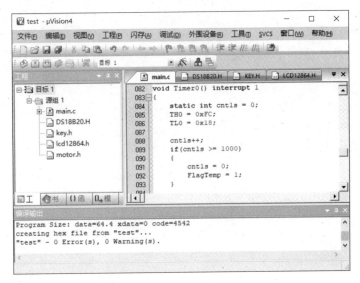

图 9-5　联机调试程序图

　　(1) main.c。

```
#include <reg51.h>
#include <intrins.h>

#define uint unsigned int
#define uchar unsigned char

sbit BUZZ = P3^6;          //蜂鸣器显示
sbit LEDR = P2^5;          //红灯
sbit LEDG = P2^6;          //绿灯
sbit LEDB = P2^7;          //蓝灯

char FlagTemp = 0;         //获取温度标志位
char FlagBuzz = 0;         //报警标志位
char FlagSet = 0;          //设置标志位

int Temp18B20 = 25;        //读取到的温度值
int TempMax = 30;          //上限
int TempMin = 20;          //下限

int MotorSpeed = 220;      //步进电动机速度控制,越大越慢
```

```
#include "lcd12864.h"
#include "ds18b20.h"
#include "key.h"
#include "motor.h"

void AlarmAction();
void ControlAction();

//主函数
void main()
{
    BUZZ = 1;
    LEDR = 0;
    LEDG = 0;
    LEDB = 0;

    LcdInit();
    LcdShowStr(1, 2, 3 * 8, "Temp:");

    TMOD = 0x01;                    //定时器 0,定时 1ms
    TH0 = 0xFC;
    TL0 = 0x18;
    ET0 = 1;
    TR0 = 1;
    EA = 1;

    Start18B20();
    while(1)
    {
        ControlAction();

        KeyAction();
    }
}

void ControlAction()
{
    if(FlagTemp == 1)               //温度标志位为 1
    {
        RefreshTemp();              //刷新温度

        if(Temp18B20 < TempMin)     //修改报警标志位
            FlagBuzz = 1;
        else if(Temp18B20 >= TempMax)
            FlagBuzz = 2;
        else
            FlagBuzz = 0;

        if(Temp18B20 < 0)           //修改电动机速度
            Temp18B20 = 0;
```

```c
        if(Temp18B20 >100)
            Temp18B20 =100;
        MotorSpeed =220 - Temp18B20 * 2;          //计算速度

        FlagTemp =0;
    }
}

//定时器 0 中断 方式 1
void Timer0() interrupt 1
{
    static int cnt1s =0;
    TH0 =0xFC;
    TL0 =0x18;

    cnt1s++;
    if(cnt1s >=1000)
    {
        cnt1s =0;
        FlagTemp =1;
    }

    MotorAction();
    AlarmAction();
    KeyScan();
}
//报警
void AlarmAction()
{
    static int cntbuzz =0;
    if(FlagBuzz==1)                                //低于下限,且处于非设置状态
    {
        LEDB =1;
        LEDR =0;
        LEDG =0;
        if(cntbuzz ==0)
            BUZZ =0;
        else if(cntbuzz ==300)
            BUZZ =1;

        cntbuzz++;
        if(cntbuzz >=600)
            cntbuzz =0;
    }
    else if(FlagBuzz==2)                           //高于上限,且处于非设置状态
    {
        LEDR =1;
        LEDG =0;
        LEDB =0;
        BUZZ =0;
```

```
        }
    else
        {
            LEDR = 0;
            LEDG = 1;
            LEDB = 0;
            BUZZ = 1;
            cntbuzz = 0;
        }
}
```

(2) key. h。

```
#ifndef _KEY_H_
#define _KEY_H_

//定义按键 IO
sbit KEY1 = P3^0;
sbit KEY2 = P3^1;
sbit KEY3 = P3^2;
sbit KEY4 = P3^3;

//按键码,为 0 时没有键被按下
char KeyCode = 0;

//按键动作函数,根据 KeyCode 判断
void KeyAction()
{
    static bit FlagGet = 0;
    static int MaxSet, MinSet;
    if(KeyCode != 0)                                //如果有键被按下
    {
    switch(KeyCode)
    {
        case 1: if(FlagSet==0 || FlagSet==2)        //设置
            {
                if(FlagGet == 0)
                {
                    MaxSet = TempMax;
                    MinSet = TempMin;
                    FlagGet = 1;
                }
                FlagSet = 1;
                LcdShowStr(1, 4, 0, "->");
                LcdShowStr(1, 6, 0, " ");
                LcdShowStr(1, 4, 4 * 8, "Max:");
                LcdShowTempSet(2, 4, 8, MaxSet);
                LcdShowStr(1, 6, 4 * 8, "Min:");
```

```
                LcdShowTempSet(2, 6, 8, MinSet);

                LcdShowStr(1, 0, 3 * 8, "Temp:");
                LcdShowStr(1, 2, 3 * 8, "    ");
                LcdShowStr(2, 2, 8, "    ");
            }
        else if(FlagSet ==1)
            {
                FlagSet =2;
                LcdShowStr(1, 4, 0, "  ");
                LcdShowStr(1, 6, 0, "->");
            }
        break;
case 2: if(FlagSet ==1)                                      //加
            {
                MaxSet++;
                if(MaxSet >99)
                    MaxSet =99;
                LcdShowTempSet(2, 4, 8, MaxSet);
            }
        else if(FlagSet ==2)
            {
                MinSet++;
                if(MinSet >99)
                    MinSet =99;
                        LcdShowTempSet(2, 6, 8, MinSet);
            }
        break;
case 3: if(FlagSet ==1)                                      //减
            {
                MaxSet--;
                if(MaxSet <0)
                    MaxSet =0;
                LcdShowTempSet(2, 4, 8, MaxSet);
            }
        else if(FlagSet ==2)
            {
                MinSet--;
                if(MinSet <0)
                    MinSet =0;
                LcdShowTempSet(2, 6, 8, MinSet);
            }
        break;
case 4: FlagSet =0;                                          //完成设置
        FlagGet =0;
        TempMax =MaxSet;
        TempMin =MinSet;
        LcdShowStr(1, 4, 0, "    ");
        LcdShowStr(1, 6, 0, "    ");
        LcdShowStr(2, 4, 0, "    ");
```

```c
            LcdShowStr(2, 6, 0, "     ");
            LcdShowStr(1, 2, 3 * 8, "Temp:");
            LcdShowStr(1, 0, 3 * 8, "     ");
            LcdShowStr(2, 0, 8, "     ");
            break;

        default: KeyCode = 0; break;
    }
    KeyCode = 0;                                    //执行完按键动作后清"0"
    }
}

//按键扫描:放在定时中断中,使用 T0 或 T1 产生中断,每 1ms 一次
void KeyScan()
{
    static unsigned int cntk1 = 0;                  //按 KEY1 键计数
    static unsigned int cntk2 = 0;
    static unsigned int cntk3 = 0;
    static unsigned int cntk4 = 0;

    if(KEY1 == 0)
    {
        cntk1++;
        if(cntk1 == 10) KeyCode = 1;                //单次触发
    }
    else cntk1 = 0;

    if(KEY2 == 0)
    {
        cntk2++;
        if(cntk2 == 10) KeyCode = 2;
    }
    else cntk2 = 0;

    if(KEY3 == 0)
    {
        cntk3++;
        if(cntk3 == 10) KeyCode = 3;
    }
    else cntk3 = 0;

    if(KEY4 == 0)
    {
        cntk4++;
        if(cntk4 == 10) KeyCode = 4;
    }
    else cntk4 = 0;
}

#endif
```

(3) ds18b20.h。

```c
#ifndef _DS18B20_H_
#define _DS18B20_H_

sbit DS18B20IO = P3^7;

/* 软件延迟函数,延迟时间(t * 10)us */
void Delay10Xus(unsigned char t)                        //12T 单片机
{
    do{ _nop_(); _nop_(); _nop_(); _nop_(); _nop_();
        _nop_(); _nop_(); _nop_(); _nop_(); _nop_();
       }while(--t);
}

/* 复位总线,获取存在脉冲,以启动一次读写操作 */
bit Get18B20Ack()
{
    bit ack;
        EA = 0;                                          //禁止总中断
        DS18B20IO = 0;                                   //产生 500μs 复位脉冲
        Delay10Xus(50);
        DS18B20IO = 1;
        Delay10Xus(6);
        ack = DS18B20IO;                                 //读取存在脉冲
        Delay10Xus(10);
        EA = 1;                                          //重新使能总中断
        return ack;
}

/* 向 DS18B20 写入 1B 内容,dat-待写入的字节数 */
void Write18B20(unsigned char dat)
{
    unsigned char mask;
        EA = 0;
        for(mask=0x01; mask!=0; mask<<=1)                //低位在先,依次移出 8 位内容
        {
        DS18B20IO = 0;                                   //产生 2μs 低电平脉冲
          _nop_(); _nop_();
          if((mask&dat)==0)                              //输出该位的值
              DS18B20IO = 0;
          else
              DS18B20IO = 1;
          Delay10Xus(6);
          DS18B20IO = 1;                                 //拉高通信引脚
        }
    EA = 1;
}

/* 从 DS18B20 读取 1B 的内容,返回值-读到的字节数 */
```

```c
unsigned char Read18B20()
{
    unsigned char dat;
        unsigned char mask;
        EA = 0;
        for(mask=0x01; mask!=0; mask<<=1)
        {
            DS18B20IO = 0;                      //产生 2μs 低电平脉冲
            _nop_();_nop_();
            DS18B20IO = 1;                      //结束低电平脉冲,等待 18B20 输出数据
            _nop_();_nop_();
            if(!DS18B20IO)                      //读取通信引脚上的值
                dat &=~mask;
            else
                dat |=mask;
            Delay10Xus(6);
        }
        EA = 1;
        return dat;
}


/* 启动一次 18B20 温度转换,返回值-表示是否启动成功 */
bit Start18B20()
{
    bit ack;
        ack = Get18B20Ack();                    //执行总线复位,并获取 18B20 应答
        if(ack ==0)                             //如 18B20 正确应答,则启动一次转换
        {
            Write18B20(0xCC);                   //跳过 ROM 操作
                Write18B20(0x44);               //启动一次温度转换
        }
        return ~ack;                            //ack==0 表示操作成功,所以返回值对其取反
}


/* 读取 DS18B20 转换的温度值,返回值-表示是否读取成功 */
bit Get18B20Temp(int * temp)
{
    bit ack;
        unsigned char LSB, MSB;                 //16 位温度值的低字节和高字节
        ack = Get18B20Ack();                    //执行总线复位,并获取 18B20 应答
        if(ack ==0)                             //如 18B20 正确应答,则读取温度值
        {
            Write18B20(0xCC);                   //跳过 ROM 操作
                Write18B20(0xBE);               //发送读命令
                LSB = Read18B20();              //读温度值的低字节
                MSB = Read18B20();              //读温度值的高字节
                * temp = ((int)MSB <<8) +LSB;   //合成为 16 位的整型数
        }
    return ~ack;                                //ack==0 表示操作应答,所以返回值为其取反值
```

```
}

/* 刷新温度数据 */
void RefreshTemp()
{
    unsigned char str[8];
    bit res = 0;
    int temp, temp2;                             //读取到的当前温度值
    char i = 0;
    EA = 0;
    res = Get18B20Temp(&temp);                   //读取当前温度
    if (res)                                     //读取成功时,刷新当前温度显示
    {
        if(FlagSet == 0)
            LcdShowStr(2, 2, 8, " ");
        else
            LcdShowStr(2, 0, 8, " ");
        temp = (float)temp * 0.0625 * 10.00;     //放大 10 倍
        if(temp > (temp2 + 500))
            temp = temp2;
        if(temp < (temp2 - 500))
            temp = temp2;
        if(temp < 0)
        {
            str[i++] = '-';
            temp = -temp;
        }
        if(temp >= 1000)                         //超过 100℃
            str[i++] = '1';
        str[i++] = temp / 100 % 10 + '0';
        str[i++] = temp / 10 % 10 + '0';
        str[i++] = '.';
        str[i++] = temp % 10 + '0';
        str[i++] = '\0';
        if(FlagSet == 0)
            LcdShowStr(2, 2, 8, str);
        else
            LcdShowStr(2, 0, 8, str);
        Temp18B20 = temp / 10;
        temp2 = temp;
    }
    else                                         //读取失败时,提示错误信息
    {

    }
    Start18B20();
    EA = 1;
}

#endif
```

(4) lcd12864.h。

```c
#ifndef _LCD12864_H_
#define _LCD12864_H_

#define LcdPort P0          //LCD12864 数据线

sbit LcdRS=P2^2;            //数据/指令 选择
sbit LcdRW=P2^1;            //读写选择
sbit LcdEN=P2^0;            //读写使能
sbit LcdC1=P2^4;            //片选 1
sbit LcdC2=P2^3;            //片选 2

//ASCII 码表,偏移量 32
//大小: 8 * 16
//取模:阴码,列行式,逆向
uchar code Ezk[]={
0x00,0x00,0x00,0x00,0x00,0x00,0x00,0x00,0x00,0x00,0x00,0x00,0x00,0x00,
0x00,                      //空行
0x00,0x00,0x00,0xF8,0x00,0x00,0x00,0x00,0x00,0x00,0x00,0x33,0x00,0x00,0x00,
0x00,                      /* "!",0* /
0x00,0x10,0x0C,0x02,0x10,0x0C,0x02,0x00,0x00,0x00,0x00,0x00,0x00,0x00,0x00,
0x00,                      /* """,1* /
0x00,0x40,0xC0,0x78,0x40,0xC0,0x78,0x00,0x00,0x04,0x3F,0x04,0x04,0x3F,0x04,
0x00,                      /* "#",2* /
0x00,0x70,0x88,0x88,0xFC,0x08,0x30,0x00,0x00,0x18,0x20,0x20,0xFF,0x21,0x1E,
0x00,                      /* "$",3* /
0xF0,0x08,0xF0,0x80,0x60,0x18,0x00,0x00,0x00,0x31,0x0C,0x03,0x1E,0x21,0x1E,
0x00,                      /* "%",4* /
0x00,0xF0,0x08,0x88,0x70,0x00,0x00,0x00,0x1E,0x21,0x23,0x2C,0x19,0x27,0x21,
0x10,                      /* "&",5* /
0x00,0x12,0x0E,0x00,0x00,0x00,0x00,0x00,0x00,0x00,0x00,0x00,0x00,0x00,0x00,
0x00,                      /* "'",6* /
0x00,0x00,0x00,0xE0,0x18,0x04,0x02,0x00,0x00,0x00,0x07,0x18,0x20,0x40,
0x00,                      /* "(",7* /
0x00,0x02,0x04,0x18,0xE0,0x00,0x00,0x00,0x00,0x40,0x20,0x18,0x07,0x00,0x00,
0x00,                      /* ")",8* /
0x40,0x40,0x80,0xF0,0x80,0x40,0x40,0x00,0x02,0x02,0x01,0x0F,0x01,0x02,0x02,
0x00,                      /* "* ",9* /
0x00,0x00,0x00,0x00,0xE0,0x00,0x00,0x00,0x00,0x01,0x01,0x01,0x0F,0x01,0x01,
0x01,                      /* "+",10* /
0x00,0x00,0x00,0x00,0x00,0x00,0x00,0x00,0x00,0x90,0x70,0x00,0x00,0x00,0x00,
0x00,                      /* ",",11* /
0x00,0x00,0x00,0x00,0x00,0x00,0x00,0x00,0x00,0x01,0x01,0x01,0x01,0x01,0x01,
0x00,                      /* "-",12* /
0x00,0x00,0x00,0x00,0x00,0x00,0x00,0x00,0x00,0x30,0x30,0x00,0x00,0x00,0x00,
0x00,                      /* ".",13* /
0x00,0x00,0x00,0x00,0xC0,0x38,0x04,0x00,0x00,0x60,0x18,0x07,0x00,0x00,0x00,
0x00,                      /* "/",14* /
0x00,0xE0,0x10,0x08,0x08,0x10,0xE0,0x00,0x00,0x0F,0x10,0x20,0x20,0x10,0x0F,
0x00,                      /* "0",15* /
```

```
0x00, 0x00, 0x10, 0x10, 0xF8, 0x00, 0x00, 0x00, 0x00, 0x00, 0x20, 0x20, 0x3F, 0x20, 0x20,
0x00,                                                              /* "1",16 */
0x00, 0x70, 0x08, 0x08, 0x08, 0x08, 0xF0, 0x00, 0x00, 0x30, 0x28, 0x24, 0x22, 0x21, 0x30,
0x00,                                                              /* "2",17 */
0x00, 0x30, 0x08, 0x08, 0x08, 0x88, 0x70, 0x00, 0x00, 0x18, 0x20, 0x21, 0x21, 0x22, 0x1C,
0x00,                                                              /* "3",18 */
0x00, 0x00, 0x80, 0x40, 0x30, 0xF8, 0x00, 0x00, 0x00, 0x06, 0x05, 0x24, 0x24, 0x3F, 0x24,
0x24,                                                              /* "4",19 */
0x00, 0xF8, 0x88, 0x88, 0x88, 0x08, 0x08, 0x00, 0x00, 0x19, 0x20, 0x20, 0x20, 0x11, 0x0E,
0x00,                                                              /* "5",20 */
0x00, 0xE0, 0x10, 0x88, 0x88, 0x90, 0x00, 0x00, 0x00, 0x0F, 0x11, 0x20, 0x20, 0x20, 0x1F,
0x00,                                                              /* "6",21 */
0x00, 0x18, 0x08, 0x08, 0x88, 0x68, 0x18, 0x00, 0x00, 0x00, 0x00, 0x3E, 0x01, 0x00, 0x00,
0x00,                                                              /* "7",22 */
0x00, 0x70, 0x88, 0x08, 0x08, 0x88, 0x70, 0x00, 0x00, 0x1C, 0x22, 0x21, 0x21, 0x22, 0x1C,
0x00,                                                              /* "8",23 */
0x00, 0xF0, 0x08, 0x08, 0x08, 0x10, 0xE0, 0x00, 0x00, 0x01, 0x12, 0x22, 0x22, 0x11, 0x0F,
0x00,                                                              /* "9",24 */
0x00, 0x00, 0x00, 0xC0, 0xC0, 0x00, 0x00, 0x00, 0x00, 0x00, 0x00, 0x30, 0x30, 0x00, 0x00,
0x00,                                                              /* ":",25 */
0x00, 0x00, 0x00, 0x80, 0x00, 0x00, 0x00, 0x00, 0x00, 0x00, 0x00, 0xE0, 0x00, 0x00, 0x00,
0x00,                                                              /* ";",26 */
0x00, 0x00, 0x80, 0x40, 0x20, 0x10, 0x08, 0x00, 0x00, 0x01, 0x02, 0x04, 0x08, 0x10, 0x20,
0x00,                                                              /* "<",27 */
0x00, 0x40, 0x40, 0x40, 0x40, 0x40, 0x40, 0x00, 0x00, 0x02, 0x02, 0x02, 0x02, 0x02, 0x02,
0x00,                                                              /* "=",28 */
0x00, 0x08, 0x10, 0x20, 0x40, 0x80, 0x00, 0x00, 0x00, 0x20, 0x10, 0x08, 0x04, 0x02, 0x01,
0x00,                                                              /* ">",29 */
0x00, 0x70, 0x48, 0x08, 0x08, 0x88, 0x70, 0x00, 0x00, 0x00, 0x00, 0x30, 0x37, 0x00, 0x00,
0x00,                                                              /* "?",30 */
0xC0, 0x30, 0xC8, 0x28, 0xE8, 0x10, 0xE0, 0x00, 0x07, 0x18, 0x27, 0x28, 0x2F, 0x28, 0x17,
0x00,                                                              /* "@",31 */
0x00, 0x00, 0xC0, 0x38, 0xE0, 0x00, 0x00, 0x00, 0x20, 0x3C, 0x23, 0x02, 0x02, 0x27, 0x38,
0x20,                                                              /* "A",32 */
0x08, 0xF8, 0x88, 0x88, 0x88, 0x70, 0x00, 0x00, 0x20, 0x3F, 0x20, 0x20, 0x20, 0x11, 0x0E,
0x00,                                                              /* "B",33 */
0xC0, 0x30, 0x08, 0x08, 0x08, 0x08, 0x38, 0x00, 0x07, 0x18, 0x20, 0x20, 0x20, 0x10, 0x08,
0x00,                                                              /* "C",34 */
0x08, 0xF8, 0x08, 0x08, 0x08, 0x10, 0xE0, 0x00, 0x20, 0x3F, 0x20, 0x20, 0x20, 0x10, 0x0F,
0x00,                                                              /* "D",35 */
0x08, 0xF8, 0x88, 0x88, 0xE8, 0x08, 0x10, 0x00, 0x20, 0x3F, 0x20, 0x20, 0x23, 0x20, 0x18,
0x00,                                                              /* "E",36 */
0x08, 0xF8, 0x88, 0x88, 0xE8, 0x08, 0x10, 0x00, 0x20, 0x3F, 0x20, 0x00, 0x03, 0x00, 0x00,
0x00,                                                              /* "F",37 */
0xC0, 0x30, 0x08, 0x08, 0x08, 0x38, 0x00, 0x00, 0x07, 0x18, 0x20, 0x20, 0x22, 0x1E, 0x02,
0x00,                                                              /* "G",38 */
0x08, 0xF8, 0x08, 0x00, 0x00, 0x08, 0xF8, 0x08, 0x20, 0x3F, 0x21, 0x01, 0x01, 0x21, 0x3F,
0x20,                                                              /* "H",39 */
0x00, 0x08, 0x08, 0xF8, 0x08, 0x08, 0x00, 0x00, 0x00, 0x20, 0x20, 0x3F, 0x20, 0x20, 0x00,
0x00,                                                              /* "I",40 */
```

```
0x00, 0x00, 0x08, 0x08, 0xF8, 0x08, 0x08, 0x00, 0xC0, 0x80, 0x80, 0x80, 0x7F, 0x00, 0x00,
0x00,                                                          /* "J",41 * /
0x08, 0xF8, 0x88, 0xC0, 0x28, 0x18, 0x08, 0x00, 0x20, 0x3F, 0x20, 0x01, 0x26, 0x38, 0x20,
0x00,                                                          /* "K",42 * /
0x08, 0xF8, 0x08, 0x00, 0x00, 0x00, 0x00, 0x00, 0x20, 0x3F, 0x20, 0x20, 0x20, 0x20, 0x30,
0x00,                                                          /* "L",43 * /
0x08, 0xF8, 0xF8, 0x00, 0xF8, 0xF8, 0x08, 0x00, 0x20, 0x3F, 0x01, 0x3E, 0x01, 0x3F, 0x20,
0x00,                                                          /* "M",44 * /
0x08, 0xF8, 0x30, 0xC0, 0x00, 0x08, 0xF8, 0x08, 0x20, 0x3F, 0x20, 0x00, 0x07, 0x18, 0x3F,
0x00,                                                          /* "N",45 * /
0xE0, 0x10, 0x08, 0x08, 0x08, 0x10, 0xE0, 0x00, 0x0F, 0x10, 0x20, 0x20, 0x20, 0x10, 0x0F,
0x00,                                                          /* "O",46 * /
0x08, 0xF8, 0x08, 0x08, 0x08, 0x08, 0xF0, 0x00, 0x20, 0x3F, 0x21, 0x01, 0x01, 0x01, 0x00,
0x00,                                                          /* "P",47 * /
0xE0, 0x10, 0x08, 0x08, 0x08, 0x10, 0xE0, 0x00, 0x0F, 0x10, 0x28, 0x28, 0x30, 0x50, 0x4F,
0x00,                                                          /* "Q",48 * /
0x08, 0xF8, 0x88, 0x88, 0x88, 0x88, 0x70, 0x00, 0x20, 0x3F, 0x20, 0x00, 0x03, 0x0C, 0x30,
0x20,                                                          /* "R",49 * /
0x00, 0x70, 0x88, 0x08, 0x08, 0x08, 0x38, 0x00, 0x00, 0x38, 0x20, 0x21, 0x21, 0x22, 0x1C,
0x00,                                                          /* "S",50 * /
0x18, 0x08, 0x08, 0xF8, 0x08, 0x08, 0x18, 0x00, 0x00, 0x00, 0x20, 0x3F, 0x20, 0x00, 0x00,
0x00,                                                          /* "T",51 * /
0x08, 0xF8, 0x08, 0x00, 0x00, 0x08, 0xF8, 0x08, 0x00, 0x1F, 0x20, 0x20, 0x20, 0x20, 0x1F,
0x00,                                                          /* "U",52 * /
0x08, 0x78, 0x88, 0x00, 0x00, 0xC8, 0x38, 0x08, 0x00, 0x00, 0x07, 0x38, 0x0E, 0x01, 0x00,
0x00,                                                          /* "V",53 * /
0x08, 0xF8, 0x00, 0xF8, 0x00, 0xF8, 0x08, 0x00, 0x00, 0x03, 0x3E, 0x01, 0x3E, 0x03, 0x00,
0x00,                                                          /* "W",54 * /
0x08, 0x18, 0x68, 0x80, 0x80, 0x68, 0x18, 0x08, 0x20, 0x30, 0x2C, 0x03, 0x03, 0x2C, 0x30,
0x20,                                                          /* "X",55 * /
0x08, 0x38, 0xC8, 0x00, 0xC8, 0x38, 0x08, 0x00, 0x00, 0x00, 0x20, 0x3F, 0x20, 0x00, 0x00,
0x00,                                                          /* "Y",56 * /
0x10, 0x08, 0x08, 0x08, 0xC8, 0x38, 0x08, 0x00, 0x20, 0x38, 0x26, 0x21, 0x20, 0x20, 0x18,
0x00,                                                          /* "Z",57 * /
0x00, 0x00, 0x00, 0xFE, 0x02, 0x02, 0x02, 0x00, 0x00, 0x00, 0x00, 0x7F, 0x40, 0x40, 0x40,
0x00,                                                          /* "[",58 * /
0x00, 0x04, 0x38, 0xC0, 0x00, 0x00, 0x00, 0x00, 0x00, 0x00, 0x00, 0x01, 0x06, 0x38, 0xC0,
0x00,                                                          /* "\",59 * /
0x00, 0x02, 0x02, 0x02, 0xFE, 0x00, 0x00, 0x00, 0x00, 0x40, 0x40, 0x40, 0x7F, 0x00, 0x00,
0x00,                                                          /* "]",60 * /
0x00, 0x00, 0x04, 0x02, 0x02, 0x04, 0x00, 0x00, 0x00, 0x00, 0x00, 0x00, 0x00, 0x00, 0x00,
0x00,                                                          /* "^",61 * /
0x00, 0x00, 0x00, 0x00, 0x00, 0x00, 0x00, 0x00, 0x80, 0x80, 0x80, 0x80, 0x80, 0x80, 0x80,
0x80,                                                          /* "_",62 * /
0x00, 0x02, 0x02, 0x04, 0x00, 0x00, 0x00, 0x00, 0x00, 0x00, 0x00, 0x00, 0x00, 0x00, 0x00,
0x00,                                                          /* "`",63 * /
0x00, 0x00, 0x80, 0x80, 0x80, 0x00, 0x00, 0x00, 0x00, 0x19, 0x24, 0x24, 0x12, 0x3F, 0x20,
0x00,                                                          /* "a",64 * /
0x10, 0xF0, 0x00, 0x80, 0x80, 0x00, 0x00, 0x00, 0x00, 0x3F, 0x11, 0x20, 0x20, 0x11, 0x0E,
0x00,                                                          /* "b",65 * /
```

```
0x00, 0x00, 0x00, 0x80, 0x80, 0x80, 0x00, 0x00, 0x00, 0x0E, 0x11, 0x20, 0x20, 0x20, 0x11,
0x00,                                                              /* "c",66 */
0x00, 0x00, 0x80, 0x80, 0x80, 0x90, 0xF0, 0x00, 0x00, 0x1F, 0x20, 0x20, 0x20, 0x10, 0x3F,
0x20,                                                              /* "d",67 */
0x00, 0x00, 0x80, 0x80, 0x80, 0x80, 0x00, 0x00, 0x00, 0x1F, 0x24, 0x24, 0x24, 0x24, 0x17,
0x00,                                                              /* "e",68 */
0x00, 0x80, 0x80, 0xE0, 0x90, 0x90, 0x20, 0x00, 0x00, 0x20, 0x20, 0x3F, 0x20, 0x20, 0x00,
0x00,                                                              /* "f",69 */
0x00, 0x00, 0x80, 0x80, 0x80, 0x80, 0x80, 0x00, 0x00, 0x6B, 0x94, 0x94, 0x94, 0x93, 0x60,
0x00,                                                              /* "g",70 */
0x10, 0xF0, 0x00, 0x80, 0x80, 0x80, 0x00, 0x00, 0x20, 0x3F, 0x21, 0x00, 0x00, 0x20, 0x3F,
0x20,                                                              /* "h",71 */
0x00, 0x80, 0x98, 0x98, 0x00, 0x00, 0x00, 0x00, 0x00, 0x20, 0x20, 0x3F, 0x20, 0x20, 0x00,
0x00,                                                              /* "i",72 */
0x00, 0x00, 0x00, 0x80, 0x98, 0x98, 0x00, 0x00, 0x00, 0xC0, 0x80, 0x80, 0x80, 0x7F, 0x00,
0x00,                                                              /* "j",73 */
0x10, 0xF0, 0x00, 0x00, 0x80, 0x80, 0x80, 0x00, 0x20, 0x3F, 0x24, 0x06, 0x29, 0x30, 0x20,
0x00,                                                              /* "k",74 */
0x00, 0x10, 0x10, 0xF8, 0x00, 0x00, 0x00, 0x00, 0x00, 0x20, 0x20, 0x3F, 0x20, 0x20, 0x00,
0x00,                                                              /* "l",75 */
0x80, 0x80, 0x80, 0x80, 0x80, 0x80, 0x80, 0x00, 0x20, 0x3F, 0x20, 0x00, 0x3F, 0x20, 0x00,
0x3F,                                                              /* "m",76 */
0x80, 0x80, 0x00, 0x80, 0x80, 0x80, 0x00, 0x00, 0x20, 0x3F, 0x21, 0x00, 0x00, 0x20, 0x3F,
0x20,                                                              /* "n",77 */
0x00, 0x00, 0x80, 0x80, 0x80, 0x80, 0x00, 0x00, 0x00, 0x1F, 0x20, 0x20, 0x20, 0x20, 0x1F,
0x00,                                                              /* "o",78 */
0x80, 0x80, 0x00, 0x80, 0x80, 0x00, 0x00, 0x00, 0x80, 0xFF, 0x91, 0x20, 0x20, 0x11, 0x0E,
0x00,                                                              /* "p",79 */
0x00, 0x00, 0x00, 0x80, 0x80, 0x00, 0x80, 0x00, 0x00, 0x0E, 0x11, 0x20, 0x20, 0x91, 0xFF,
0x80,                                                              /* "q",80 */
0x80, 0x80, 0x80, 0x00, 0x80, 0x80, 0x80, 0x00, 0x20, 0x20, 0x3F, 0x21, 0x20, 0x00, 0x01,
0x00,                                                              /* "r",81 */
0x00, 0x00, 0x80, 0x80, 0x80, 0x80, 0x80, 0x00, 0x00, 0x33, 0x24, 0x24, 0x24, 0x24, 0x19,
0x00,                                                              /* "s",82 */
0x00, 0x80, 0x80, 0xE0, 0x80, 0x80, 0x00, 0x00, 0x00, 0x00, 0x00, 0x1F, 0x20, 0x20, 0x10,
0x00,                                                              /* "t",83 */
0x80, 0x80, 0x00, 0x00, 0x00, 0x80, 0x80, 0x00, 0x00, 0x1F, 0x20, 0x20, 0x20, 0x10, 0x3F,
0x20,                                                              /* "u",84 */
0x80, 0x80, 0x80, 0x00, 0x80, 0x80, 0x80, 0x00, 0x00, 0x03, 0x0C, 0x30, 0x0C, 0x03, 0x00,
0x00,                                                              /* "v",85 */
0x80, 0x80, 0x00, 0x80, 0x80, 0x00, 0x80, 0x80, 0x01, 0x0E, 0x30, 0x0C, 0x07, 0x38, 0x06,
0x01,                                                              /* "w",86 */
0x00, 0x80, 0x80, 0x80, 0x00, 0x80, 0x80, 0x00, 0x00, 0x20, 0x31, 0x0E, 0x2E, 0x31, 0x20,
0x00,                                                              /* "x",87 */
0x80, 0x80, 0x80, 0x00, 0x00, 0x80, 0x80, 0x80, 0x00, 0x81, 0x86, 0x78, 0x18, 0x06, 0x01,
0x00,                                                              /* "y",88 */
0x00, 0x80, 0x80, 0x80, 0x80, 0x80, 0x80, 0x00, 0x00, 0x21, 0x30, 0x2C, 0x22, 0x21, 0x30,
0x00,                                                              /* "z",89 */
0x00, 0x00, 0x00, 0x00, 0x00, 0xFC, 0x02, 0x02, 0x00, 0x00, 0x00, 0x00, 0x01, 0x3E, 0x40,
0x40,                                                              /* "{",90 */
```

```
0x00,0x00,0x00,0x00,0xFF,0x00,0x00,0x00,0x00,0x00,0x00,0x00,0xFF,0x00,0x00,
0x00,                           /* "|",91 */
0x02,0x02,0xFC,0x00,0x00,0x00,0x00,0x00,0x40,0x40,0x3E,0x01,0x00,0x00,0x00,
0x00,                           /* "}",92 */
0x00,0x02,0x01,0x02,0x02,0x04,0x02,0x00,0x00,0x00,0x00,0x00,0x00,0x00,
0x00,                           /* "~",93 */
};

/* 状态检查,LCD 是否忙 */
void Checkbusy()
{
    uchar dat;                  //状态信息(判断是否忙)
    LcdRS=0;                    // 数据/指令选择,D/I(RS)="L",表示 DB7~DB0 为显示指令数据
    LcdRW=1;                    //R/W="H",E="H"数据被读到 DB7~DB0
    do{
        LcdPort=0x00;
        LcdEN=1;                //EN 下降源
        _nop_();                //一个时钟延迟
        dat=LcdPort;
        LcdEN=0;
        dat=(0x80 & dat);
    }while(!(dat==0x00));       //仅当第 7 位为 0 时才可操作(判别 busy 信号)
}


/* 写命令到 LCD 中 */
void Wcmd(uchar cmd)
{
    Checkbusy();                //状态检查,LCD 是否忙
    LcdRS=0;                    //向 LCD 发送命令。RS=0 写指令,RS=1 写数据
    LcdRW=0;                    //R/W="L",E="H→L"数据被写到 IR 或 DR
    LcdPort=cmd;                //com :命令
    LcdEN=1;                    //EN 下降源
    _nop_();
    _nop_();
    LcdEN=0;
}

/* 设置页 0xb8 是页的首地址 */
void Setpage(uchar page)
{
    page=0xb8|page;
                //1011 1xxx 0<=page<=7 设定页地址--X 0~7,8 行为一页 64/8=8,共 8 页
    Wcmd(page);
}

/* 设定显示开始行,0xc0 是行的首地址 */
void Setx(uchar x)
{
    x=0xc0|x;                   //1100 0000
```

```
        Wcmd(x);                                    //设置从哪行开始:0~63,一般从 0 行开始显示
}


/* 设定列地址--Y 0~63 ,0x40 是列的首地址 */
void Sety(uchar y)
{
    y=y&0x3f;                                       //column 最大值为 64,越出 0=<column<=63
    y=0x40|y;                                       //01xx xxxx
    Wcmd(y);
}


/* 开关显示,0x3f 是开显示,0x3e 是关显示 */
void SetOnOff(uchar onoff)
{
    onoff=0x3e|onoff;                               //0011 111x,onoff 只能为 0 或者 1
    Wcmd(onoff);
}


/* 写显示数据 */
void Writedata(uchar dat)
{
    Checkbusy();                                    //状态检查,LCD 是否忙
    LcdRS=1;                                        //LcdRS=0 写指令,RS=1 写数据
    LcdRW=0;                                        //R/W="L" ,E="H→L"数据被写到 IR 或 DR
    LcdPort=dat;                                    //dat:显示数据
    LcdEN=1;                                        //EN 下降源
    _nop_();
    _nop_();
    LcdEN=0;
}


/* 选择屏幕 screen: 0-全屏,1-左屏,2-右屏 */
void SelectScreen(uchar screen)
{
    switch(screen)
    {
        case 0: LcdC1=0;                            //全屏
            _nop_(); _nop_(); _nop_();
            LcdC2=0;
            _nop_(); _nop_(); _nop_();
            break;
        case 1: LcdC1=0;                            //左屏
            _nop_(); _nop_(); _nop_();
            LcdC2=1;
            _nop_(); _nop_(); _nop_();
            break;
        case 2: LcdC1=1;                            //右屏
            _nop_(); _nop_(); _nop_();
            LcdC2=0;
            _nop_(); _nop_(); _nop_();
```

```
            break;
        }
    }

/* 清屏 screen: 0-全屏,1-左屏,2-右 * /
void ClearScreen(uchar screen)
{
    uchar i,j;
    SelectScreen(screen);
    for(i=0;i<8;i++)               //控制页数 0~7,共 8 页
    {
        Setpage(i);
        Sety(0);
        for(j=0;j<64;j++)          //控制列数 0~63,共 64 列
        {
            Writedata(0x00);       //写点内容,列地址自动加 1
        }
    }
}


/* 初始化 LCD * /
void LcdInit()
{
    Checkbusy();
    SelectScreen(0);
    SetOnOff(0);                   //关显示
    SelectScreen(0);
    SetOnOff(1);                   //开显示
    SelectScreen(0);
    ClearScreen(0);                //清屏
    Setx(0);                       //开始行:0
}

/* 显示半角汉字和数字和字母 * /
//ss 选屏参数,pagr 选页参数,column 选列参数,chr 要显示的字符
void LcdShowChar(uchar ss,uchar page,uchar y,char chr)
{
    uint i;
    char c;
    c =chr - ' ';
    SelectScreen(ss);
    y=y&0x3f;

    Setpage(page);                 //写上半页
    Sety(y);
    for(i=0;i<8;i++)
    {
        Writedata(Ezk[i+16 * c]);
    }
```

```
        Setpage(page+1);                        //写下半页
        Sety(y);
        for(i=0;i<8;i++)
        {
            Writedata(Ezk[i+16*c+8]);
        }
    }
}

/* 显示字符串 */
//ss:0-两屏全选,1-左屏,2-右屏
//page:0,2,4,6
//column:0-63
//ss 选屏参数,pagr 选页参数,column 选列参数,chr 要显示的字符
void LcdShowStr(uchar ss, uchar page, uchar y, uchar * str)
{
    uchar j=0;
    while(str[j] !='\0')
    {
        LcdShowChar(ss, page, y, str[j]);
        j++;
        y +=8;
    }
}

//Lcd 显示要设置的温度值
void LcdShowTempSet(uchar ss, uchar page, uchar y, int num)
{
    uchar str[5];
    str[0] =num / 10 %10 +'0';
    str[1] =num %10 +'0';
    str[2] ='.';
    str[3] ='0';
    str[4] ='\0';
    LcdShowStr(ss, page, y, str);
}

#endif
```

（5）motor.h。

```
#ifndef _MOTOR_H_
#define _MOTOR_H_

unsigned char code MotorCode[] =                //正转码
    { 0x01,0x09,0x08,0x0C,0x04,0x06,0x02,0x03 };

/* 电动机控制函数 */
void MotorAction()
{
    static char i =0;
    static int cnt =0;
```

```
        cnt++;
        if(cnt >=MotorSpeed)
        {
            cnt =0;
            P1 =MotorCode[i];
            i++;
            if(i >=8)
                i =0;
        }
    }

#endif
```

　　实际运行表明,"测控"和"设置"两个模块确实是同时进行的,如图 9-6 和图 9-7 所示。具体表现为某一时刻,温度上限参数为 30℃,下限参数为 20℃,在进入设置模式进行参数设置时,在温度传感器处调高温度到 31℃,设置模式依然正常使用,修改参数不受影响,但是报警模块触发高温警报,绿色发光二极管灭转为红色发光二极管亮,蜂鸣器持续鸣响,步进电动机转动速度略微加快。

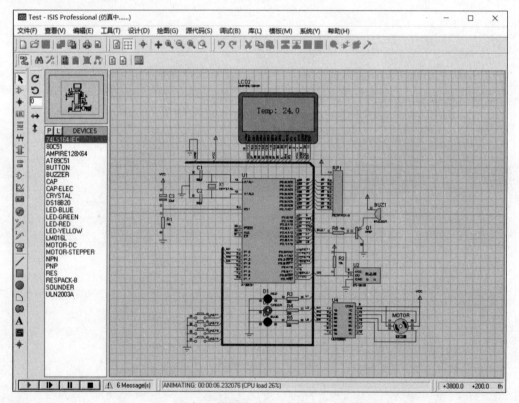

图 9-6　本例显示的运行结果(1)

　　在设置模式中,修改参数并不会立即影响警报状态,将图 9-8 中温度上限修改为 32℃,警报并不会停止,只有当修改结束,按 KEY4 键保存退出时,报警状态才会发生改变。

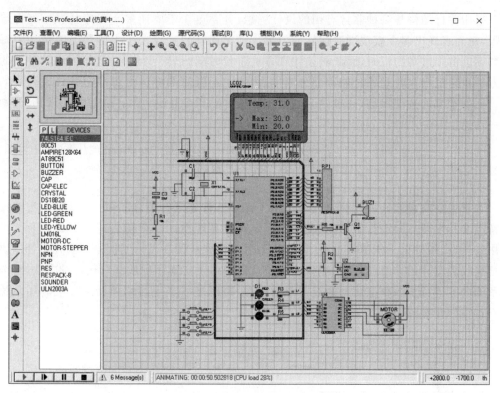

图 9-7　本例显示的运行结果(2)

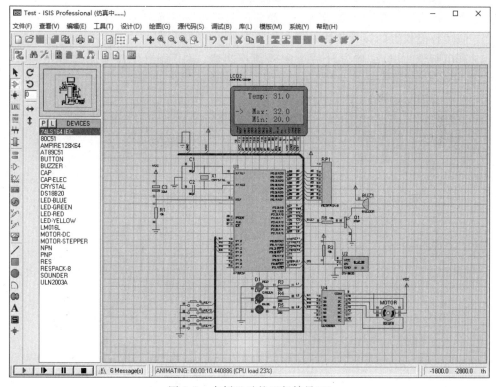

图 9-8　本例显示的运行结果(3)

采用并行结构是一种非常有用的设计思想,其要点在于要让多个程序"同时"拥有运行权限,对外表现出多个模块同时运转的效果。这类程序的关键在于主函数无限循环中每个函数不能占用过多的机时,因此必须找到方法将长时运行转变为短时运行。比较常用的一个方法就是把操作时间较长的程序分离出去,并采用合适的标记变量来记录长时程序的状态。比如本节的按键检测,通过两个变量记录按键码和参数码,即可实现用户长时修改参数这一功能。

本章小结

本章主要对智能仪表的综合设计进行了讲解。首先对智能仪表的组成结构、智能仪表的特点及其发展方向进行了介绍;其次对在单片机系统设计中可能出现的干扰源及其可能采用的软件、硬件抗干扰措施进行了讲解;最后通过智能仪表设计实例——温控报警器讲述了智能仪表设计的详细过程,智能仪表的设计流程以及实现多模块并行运行的方法,对前面几章的内容进行了综合应用。通过本章的学习,可以进一步学习和领会单片机应用系统的开发过程和开发技巧。

习 题 9

1. 简述智能仪表的基本组成。
2. 智能仪表和传统仪表相比,有哪些优点?
3. 智能仪表的干扰源主要有哪些? 简要说明都有哪些抗干扰措施。
4. 简述智能仪表的设计流程。
5. 利用所学知识,试着设计一个密码锁控制器,要求画出硬件电路原理图和软件流程图。

参考文献

［1］ 朱开汪,余建坤.基于 AT89C51 单片机信号发生器设计[J].电子世界,2017-05-08.

［2］ 孙文韬.基于 AT89C51 单片机的点阵屏显示设计[J].电子世界,2016-02-23.

［3］ 曾力,刘炜,曹龙.基于 AT89C51 单片机的数字时钟设计与仿真[J].信息通信,2015-10-15.

［4］ 史媛芳.PC 与 C51 单片机的串行通信研究[J].电脑知识与技术,2014-12-25.

［5］ 刘小洋,黄贤英.基于 C51 单片机课程教学的探索[J].科技信息,2014-01-05.

［6］ 王瑾.PC 与 AT89C51 单片机的串行通信[J].才智,2012-04-15.

［7］ 陈辉,陈梅,杜静,等.基于 AT89C51 单片机波形发生器的 Proteus 设计[J].自动化与仪器仪表,2012-05-25.

图书资源支持

感谢您一直以来对清华版图书的支持和爱护。为了配合本书的使用，本书提供配套的资源，有需求的读者请扫描下方的"书圈"微信公众号二维码，在图书专区下载，也可以拨打电话或发送电子邮件咨询。

如果您在使用本书的过程中遇到了什么问题，或者有相关图书出版计划，也请您发邮件告诉我们，以便我们更好地为您服务。

我们的联系方式：

地　　　址：北京市海淀区双清路学研大厦 A 座 701

邮　　　编：100084

电　　　话：010-83470236　010-83470237

资源下载：http://www.tup.com.cn

客服邮箱：tupjsj@vip.163.com

QQ：2301891038（请写明您的单位和姓名）

用微信扫一扫右边的二维码，即可关注清华大学出版社公众号"书圈"。

资源下载、样书申请

书圈

扫一扫，获取最新目录

课程直播